DITE

...RAIS BICKÈS

INVENTÉE

Par M. François-Henry BICKÈS

APPLICABLE A TOUTES LES PLANTES, CÉRÉALES, LÉGUMES
FLEURS, VIGNES, ARBRES, ETC.

Et appuyé par plus de cent documents de l'Allemagne,
de l'Angleterre, de la Belgique, de la Hollande,
de l'Italie, et par presque tous les départements de la France.

RAPPORT AU GOUVERNEMENT FRANÇAIS

EXPERTISES DE DEUX GOUVERNEMENTS, DES SOCIÉTÉS D'AGRICULTURE, DES CONGRÈS DE MAYENCE
ET DE DUSSELDORF ET D'AUTRES AUTORITÉS COMPÉTENTES, DES NATURALISTES
ET D'UN GRAND NOMBRE DE PROPRIÉTAIRES

PARIS

CHEZ F.-H. BICKÈS, RUE DES MESSAGERIES, 10

—

1863

POUDRE FERTILISANTE

DITE

ENGRAIS BICKÈS

PARIS. — IMPRIMERIE KUGELMANN, 13, RUE DE LA GRANGE-BATELIÈRE.

POUDRE FERTILISANTE

DITE

ENGRAIS BICKÈS

INVENTÉE

Par M. François-Henry BICKÈS

APPLICABLE A TOUTES LES PLANTES, CÉRÉALES, LÉGUMES

FLEURS, VIGNES, ARBRES, ETC.

Et appuyé par plus de cent documents de l'Allemagne,
de l'Angleterre, de la Belgique, de la Hollande,
de l'Italie, et par presque tous les départements de la France.

RAPPORT AU GOUVERNEMENT FRANÇAIS

EXPERTISES DE DEUX GOUVERNEMENTS, DES SOCIÉTÉS D'AGRICULTURE, DES CONGRÈS DE MAYENCE
ET DE DUSSELDORF ET D'AUTRES AUTORITÉS COMPÉTENTES, DES NATURALISTES
ET D'UN GRAND NOMBRE DE PROPRIÉTAIRES

PARIS

CHEZ F.-H. BICKÈS, RUE DES MESSAGERIES, 10

1863

POUDRE FERTILISANTE

DITE

ENGRAIS BICKÈS

> Faire produire beaucoup à la terre et à
> peu de frais, c'est arriver à l'extinction du
> paupérisme et prévenir les disettes.

Depuis des siècles, les hommes les plus éminents ont fait de vaines recherches pour trouver les moyens de remplacer l'engrais.

Ce n'est qu'à grands frais que quelques résultats ont été obtenus, et encore à aucun prix ces résultats ne pouvaient devenir pratiques à cause de l'insuffisance des produits nécessaires aux besoins de l'agriculture.

C'est dans cette situation de la culture et de la terre que Schwerz, une des célébrités les plus vénérées, a dit dans son *Instruction pratique de l'agriculture* :

« Fatal nœud gordien ! que les formules algébriques les plus ingénieuses ne dénoueront jamais, pas même les atômes spiralés de Descartes ! »

Que Platon a dit :

« Il n'est pas bon de porter trop loin la recherche des choses ; les sciences naturelles ont leurs limites au-delà desquelles l'homme ne peut aller, arrêté qu'il est par le voile dont Isis couvre ses secrets. Où lui est-il donné de dévoiler l'essence, la force, la vie et le mouvement ! »

Par mes études, le voile d'Isis est levé d'une manière positive, les faits existants n'en laisseront aucun doute.

Ce n'est pas un surrogat grossier qui nous est offert, mais bien une composition d'éléments nutritifs qui, réunis dans une proportion fondée sur la connaissance de la nature essentielle de la vie des plantes, renforce leur vitalité et rehausse leurs qualités.

Cette pénétration dans les propriétés et dans les fonctions vitales des végétaux élève mon système à une science positive et pratique, en découvrant ce que les anciens et les modernes ont vainement cherché.

C'est dans cette voie qu'il faut juger les résultats confirmés par les faits incontestables d'une série d'années lesquels souvent surpassent tout ce qui a été produit jusqu'ici par la terre ; preuve évidente qu'une force inconnue agit.

La nature ne dévoile ses mystères que sous certaines conditions, apparemment parce que tout abus lui répugne. Il semble que cette manifestation appartient à notre époque.

Il est à propos de faire remarquer que, depuis une trentaine d'années, les populations ont augmenté dans une proportion considérable et que l'agriculture, malgré quelques innovations, n'a pas produit davantage. Déjà en 1843, au congrès de Dusseldorf, j'en ai fait mention. Cette production insuffisante forme un déficit qui augmentera toujours tant qu'on s'obstinera à ne pas sortir de cette maudite ornière, la routine.

Il est à déplorer qu'au XIXe siècle nous soyons encore dans une pareille obscurité.

Les chiffres qui suivent feront, je pense, ouvrir les yeux. Contre les mathématiques, il ne peut exister de contestations.

La France récolte seulement *six* grains pour *un* et produit un total de 80 millions d'hectolitres de blé.

Par mon système, et le fait est bien établi, j'ai fait produire à des sables nus et mouvants jusqu'à 16 grains de froment pour 1, ce qui produit un total de 213 millions d'hectolitres au lieu de 80 millions.

Si, dans des sables mouvants, je fais produire par mon système 16 grains pour 1, il n'est aucun doute d'en pouvoir garantir le double dans de bonnes terres, ce qui ferait une production de trois ou quatre fois plus considérable.

Du reste, cette question n'est plus à l'étude pour moi, c'est un fait irrécusable, car j'ai fait produire 30, 50, 100 et jusqu'à 140 épis par un grain de blé, et ces épis avaient

souvent la moitié plus de longueur que ceux obtenus par
la culture ordinaire et quelquefois le double.

J'ai fait produire des fourrages ayant six fois le poids de
ceux fumés par les engrais des étables. Par ce fait, au lieu
d'un bœuf, d'une vache, etc., on peut en nourrir six. Voilà
ce que, par mon système, le cultivateur peut obtenir.

Voici un tableau qui fera comprendre de quelle importance est le rendement de quelques grains de plus.

Supposons que le froment vaille 20 fr. l'hectolitre, que le
produit soit de 4 à 6 grains pour 1; les frais de culture par
hectare étant seulement de 60 fr., (valeur de 3 hectol.)
il reste au cultivateur un rendement de 3 grains, soit
60 francs de bénéfice.

Si, au contraire, en employant mon système de poudre
fertilisante il fait produire :

7 grains au lieu de 6, il aura déjà en sus un bénéfice de 20 fr.

8	—	6	—	—	40
9	—	6	—	—	60
10	—	6	—	—	80
11	—	6	—	—	100
12	—	6	—	—	120
13	—	6	—	—	140
14	—	6	—	—	160
15	—	6	—	—	180
16	—	6	—	—	2.0
20	—	6	—	—	280
30	—	6	—	—	420
40	—	6	—	—	560

Comme on le voit, ce calcul bien simple, mais très exact,
produit une augmentation de bénéfice presque fabuleuse,
et les documents qui suivent prouveront aux personnes
qui voudront le comprendre et en faire leur profit que,
tout en économisant les frais d'engrais et de semence, elles
pourront obtenir sans épuiser la terre le rendement qu'elle
est capable de produire.

On est surpris que tant de monde quitte les campagnes
pour chercher la fortune dans les villes; la cause en est
toute simple : Pour arriver à acquérir un certain revenu
dans la culture des céréales, il faut un grand capital et
quelques centaines d'hectares de terre. Si des fortunes
s'amassent, ce n'est que dans la culture de certaines plantes
de commerce, comme le lin, le tabac, le houblon, le colza,

la garance, etc. Par mon système, toute culture peut donner autant de résultats.

Généralement l'instruction sur l'agriculture manque dans les campagnes, et si, armé de mes moyens et de l'application de ma découverte, il se trouvait seulement, dans chaque commune de la France, un agriculteur intelligent qui voulût bien faire comprendre, par des résultats supérieurs, l'avantage que rapporte une bonne culture, on arriverait à une transformation complète dans les résultats.

Le travail de la terre est le plus salutaire de tous physiquement et moralement; il empêche les excès, il favorise la morale et il familiarise avec les miracles du créateur. L'homme des champs vit dans la nature, et s'il arrive à l'aisance, il devient conservateur et ne demande ni changements ni révolutions.

Bien souvent j'ai dit : *Avec mon système, plus de guerre.*

Le pauvre accuse souvent le Gouvernement et même Dieu d'injustice; lui assurant un revenu de 800 à 1,000 fr., il repoussera ces indignes pensées, et pour cela, que faut-il faire? Qu'il possède ou loue quelques hectares de terre dont les ensemencements seront faits par mon système.

Je ferai observer qu'alors toutes les communes n'auront plus à supporter les lourdes charges pour venir en aide aux pauvres.

Pour compléter ma pensée, nous avons en France et partout des champs libres en abondance, il y a des landes, il y a des dunes depuis Dunkerque jusqu'à Bayonne, enfin il y a des milliers d'hectares de terre à défricher... Donnez donc à chaque homme le moyen de se créer son pain par lui-même, vous aurez trouvé un grand remède; du reste, tout autre projet est une utopie.

Cultiver la terre est un travail qui a toujours été très honoré et particulièrement par les anciens. Les Grecs ont honoré la mémoire de Triptolème presque comme une divinité; Cérès a été élue déesse; les grands Romains quittaient leurs charrues pour prendre les armes et, après avoir servi l'Etat, ils redevenaient cultivateurs; quelques-uns ont même pris des noms de plantes.

Zoroastre dit dans *Zend* : Avesta.

« Celui qui cultive sa terre avec soin et activité a plus de mérite que celui qui dit mille prières. »

La France importe assez régulièrement pour 300 millions de francs de produits de l'agriculture, et dans certaines années malheureuses pour 300 autres millions. Ces importations ont absorbé à tel point les capitaux que les banques de France et d'Angleterre furent mises plusieurs fois dans de grands embarras.

Quels bienfaits si ces capitaux, au lieu d'être sortis de chacune de ces deux puissances, y avaient été doublés par l'exportation d'une quantité égale de céréales. — Non les têtes ne sont pas en harmonie avec les pieds !

Dans la culture ordinaire, on a recouru à des moyens aussi extravagants que nuisibles. Ainsi, pour avoir des fourrages, on enlève au blé ses meilleures terres, les maigres ne produisant rien.

Par mon système, toute terre indistinctement peut aussi bien servir au blé qu'au fourrage ; il ne faut ni assolements ni jachères. On peut aussi cultiver les mêmes plantes, et où l'avoine a manqué, mettre du blé, du colza, des pommes de terre, etc.

J'ai dit dans le *Journal des Cultivateurs* ce que je pense sur les engrais en général, le *Moniteur de l'agriculture* a reproduit cet article, dont voici le texte :

Économie rurale.

Nous extrayons du *Journal des Cultivateurs*, l'article suivant :

« Monsieur le directeur,

« Dans tous les pays, la question des engrais est à l'ordre du jour ; partout les savants s'en sont occupés sans que le problème ait été résolu. Des célébrités en chimie ont fabriqué dans leurs cabinets des théories qui témoignent de leur ignorance, car, en ne tenant aucun compte de la nature des plantes, ils en détruisent les qualités essentielles.

« Les praticiens ne trouvent leur salut que dans l'entretien d'un grand nombre de bestiaux, qui mangent le plus précieux revenu de leurs terres ; ils font des composts, ils empestent l'atmosphère par des vidanges, etc.

« Un savant, qui s'est acquis une grande réputation en se posant comme le défenseur des intérêts du cultivateur, préconise ce qui n'a jamais été essayé et attaque sans miséricorde ce qu'un enfant peut apprécier. Voici un échantillon de ses profondes lumières. Il dit dans un rapport :

« Qu'un Américain a inventé un filet avec lequel il prend d'un seul
« coup 800,000 poissons d'un poids de 600,000 kil. ; dont il se sert
« pour engrais.

« Ce nouvel Archimède ne nous dit rien sur la machine employée pour sortir ce poids de l'eau. Peut-être a-t-il écrit pour avoir des renseignements à ce sujet.

« Nous ne savons pas si notre brave professeur, qui a fait ses recherches au-delà du grand Océan, a connaissance d'un certain télescope d'invention américaine avec lequel on peut distinguer la couleur des volailles dans la lune. Il paraît que non ; autrement, sage observateur comme il est, il le ferait venir pour voir si dans la lune on se sert du noir animalisé ou du poisson pour fumer la terre.

« En Amérique, des canards semblables se produisent souvent.

« Notre bon professeur, confiant qu'il est, n'a rien vu de suspect.

« On voit qu'avec de pareils savants à la tête du progrès, l'agriculture et la prospérité du cultivateur ne peuvent faire défaut !

« Un autre demande « de porter la récolte chez le chimiste, d'y faire l'analyse, d'apprécier la quantité de nourriture qu'elle a enlevée à la terre et de la lui rendre pour la fertiliser. » Il ne dit pas comment il ferait pour analyser un chène de mille ans et ce qu'il faut rendre au sol pour obtenir un spécimen semblable. Il y a de nombreux raisonnements de ce genre tout aussi curieux, et ces messieurs s'arrogent le droit de dominer la culture, de nier les faits accomplis !

« Voyons un peu ce qu'il y a à dire sur les engrais.

Plusieurs agronomes assurent que l'engrais qu'ils font eux-mêmes est le plus cher.

« Suivant la brochure de M. Dailly, une bonne fumure dans les environs de Paris; revient de 5 à 600 fr. par hectare, et les engrais artificiels de 100 à 150 fr.

« J'avoue que les chiffres de M. Dailly sont exagérés. Quoi qu'il en soit, 4 kil 1/2 de ma poudre fertilisante sufiit pour fertiliser 1 hectare.

« Or, par mon système, on économise la moitié de la semence, il s'ensuit que pour le blé, par exemple, dont le prix moyen est de 20 fr., on réalise sur la semence une valeur représentant celle du prix d'un hectolitre. Aujourd'hui, le blé pour semence se vend 25 fr., et le prix de ma poudre étant de 30 fr. pour 1 hectare, il s'ensuit que le cultivateur ne débourse à la rigueur que 5 fr. pour praliner la semence nécessaire pour 1 hectare.

« Pour les résultats d'une série d'années dans tous les sols et tous les climats, on peut voir ma brochure qui contient un rapport officieux au gouvernement et un grand nombre de certificats des autorités les plus compétentes. Il serait ridicule de contester ces témoignages.

« La vigueur des plantes préparées par mon système dépasse toute fumure naturelle et artificielle. Le procédé est applicable aux sols les plus stériles.

« Dans les sables mouvants, j'ai obtenu 16 grains de blé et 20 grains de seigle pour 1, et des pommes de terre de 25 tubercules en moyenne. En bonne terre, beaucoup de pieds de blé ont eu 100, 130, et jusqu'à 140 épis quelquefois doubles en longueur du blé par la culture ordinaire.

En général, pour toutes les céréales, les épis sont plus riches ; il y en a seulement par exception de petits, ce qui est l'inverse dans la culture ordinaire. J'ai conservé des plantes de sarrazin sur lesquelles on compte 328 bouquets ; des vesces avec de longues gousses d'un poids moyen de 18 grammes, tandis que celles de la ferme, semées à côté, n'ont pesé que 3 grammes, bien qu'elles eussent reçu une forte fumure.

« Un ensemencement de colza fait pour le gouvernement sur 4ᵉ classe, a produit 45 hectolitres par hectare, tandis que le plus fort rendement, dans le Nord et dans l'Allemagne, atteint rarement sur 1ʳᵉ classe, un peu plus que la moitié. La vigne et la pomme de terre n'ont pas été atteintes par la maladie lorsque tout l'était aux alentours.

« Il y a encore à Paris, sur le Boulevard Bonne-Nouvelle, en face du n° 7, trois arbres plantés en 1848, d'après mon procédé, lesquels n'ont pas été enlevés parce que le maçonnage est trop étroit pour planter en mottes, offrent une végétation luxuriante qui fait défaut aux arbres des autres boulevards.

« Aux Champs-Elysées, j'ai préparé, au mois de juillet de l'année sèche 1859, les marronniers les plus malades, aujourd'hui ils offrent plus de vigueur que les anciens qui n'ont pas souffert.

« Le *Farmer Journal* de Londres, dit de mon système : « Devant « ces faits, toute théorie, tout préjugé doivent fléchir. » J'ajouterai à ce que dit le journal anglais, qu'il est ridicule de voir des savants s'obstiner à nier l'évidence.

« Mais quels moyens indignes a-t-on employés pour me nuire? Mensonges, analyses controuvées et fausses, qui feraient rougir le dernier garçon de pharmacie ! C'est ce que j'appelle faire honte à la science.

« Ces messieurs voient bien que je renverse leur science, puisque avec 4 kil. 1/2 de ma poudre, qu'ils n'ont pas su analyser, j'obtiens de plus beaux résultats qu'avec les énormes quantités de fumier, d'azote, de phosphate, etc., qu'ils préconisent.

« Vraiment ces messieurs me font pitié ! J'ai écouté trop patiemment leurs diatribes ; il est temps de dire enfin ce qu'ils sont.

« BICKÈS. »

Nous ferons remarquer toutefois que, si de nombreuses attestations d'honorables cultivateurs ne suffisent pas pour prouver d'une manière péremptoire l'efficacité du procédé de M. Bickès, elles servent du moins à démontrer qu'en bien des cas les raisonnements de la science s'éloignent de la vérité. Nous pouvons certifier, quant à nous, avoir vu aujourd'hui même, chez M. Bickès, plusieurs pieds de blé et de ray-grass en parfaite végétation, bien que les graines aient été mises dans du sable très-graveleux. Chacun, du reste, peut s'assurer comme nous, du fait.   H. FARGUES.

Mon système de poudre fertilisante résiste à un haut degré de chaleur et de sécheresse (voir l'art. d'Amsterdam, de Mannheim, etc., etc.), faculté que je puis augmenter pour les climats extrêmes.

Il consiste dans un pralinage (chaulage) des semences les plantes à repiquer et les racines sont trempées dans une solution ; pour les plantes en terre, on ouvre la terre au pied desdites et on y met la poudre sèche, puis on arrose ou bien on fait une solution, ce qui évite l'arrosage.

Sur les paquets est collée une instruction pour chaque plante, voir celles ci-dessous :

CULTURE PAR LE SYSTÈME BICKÈS.

INSTRUCTION.

Pour arbres, Plantes ligneuses.

On fait dissoudre un litre de poudre dans un litre d'eau tiède ; on laisse reposer quelques heures, ou mieux un jour, la solution avant d'en faire l'application.

Au moment d'en faire usage, on remue le tout afin que les parties solides qui sont au fond soient partout répandues.

Après le mélange de 4 litres de poudre et de 4 litres d'eau, il reste seulement par l'imbibition 7 litres de solution.

Les quantités à employer sont comme suit :

Arbres de 3 à 4 centimètres de diamètre, 2 à 3 centilitres.

»	4	6	»	3	4	»
»	6	9	»	4	8	»
»	9	12	»	8	12	»
»	12	18	»	1/4 de litre.		
»	18	24	»	1/2	»	
»	24	40	»	1	»	

Pour les arbres malades, le double.

La grande variété des espèces, la différence des proportions entre la hauteur et le diamètre des arbres en général est trop grande pour pouvoir fixer plus exactement la quantité à employer ; pour les arbres fruitiers en général, la quantité indiquée est bonne en pratique ; il vaut cependant mieux en mettre plus que moins.

Pour l'application, on ouvre la terre autour du pied de l'arbre, on y verse la solution et on arrose ensuite avec quelques litres d'eau, afin que la matière se répande mieux et coule le long des racines.

A la transplantation, on met la solution dans le trou, qu'on mêle un peu avec la terre.

Arbrisseaux.

On met, pour une plante de 2 à 3 mètres de hauteur, 1 à 2 centilitres de solution.

Plantes ligneuses et d'agrément.

On met pour une plante de

3 à 4	centimètres de haut.	1/800 de litre	(1/4 de décilitre).
5 à 1/4 de mètre	»	1/200 »	(1 dé à coudre).
1 1/2 à 3 »	»	1/100 »	(2 dés).

Nota. Aucune préparation ne pourra jamais être appliquée sans danger pour la végétation à d'autres grains, semences et tubercules que ceux indiqués dans chaque instruction particulière.

———

INSTRUCTION.

Pour Vignes, hauteur ordinaire.

100 litres de poudre dissous dans 100 litres d'eau font 175 litres

de liquide de solution dont on prend 2, 3 et même 4 centilitres pour chaque pied.

Le chiffre moyen de 3 centilitres produit une grande vigueur.

Pour l'application on fait, soit avec un fer pointu, soit avec un morceau de bois, un trou au pied du cep, dans lequel on met la mesure indiquée et après un peu d'eau. Si le sol était bien humide, on pourrait se dispenser de l'arrosement.

A la transplantation, il suffit de tremper la racine dans la solution.

CULTURE PAR LE SYSTÈME BICKÈS.

INSTRUCTION.

Pour petites préparations.

Sur 1 litre de poudre,
    1/2 »   d'eau tiède,

Ou :

Sur deux cuillerées de poudre, une cuillerée d'eau. Prenez deux tiers de la poudre, soit deux cuillerées, et laissez couler cela dans une cuillerée d'eau, en le remuant bien.

Cette solution étant bien mélangée avec les graines.

Immédiatement après, on y met le tiers de la poudre sèche réservée, la tout est bien mélangé ensemble.

La quantité de poudre est :

1 litre pour 8 litres de semence,

Ou :

1 cuillerée de poudre pour 8 de semence.

INSTRUCTION.

Froment, Seigle, Orge et Avoine.

Pour 1 hectolitre 5 litres de poudre et 5 litres d'eau.
  » 1/2 »   2 1/2 »   2 1/2 »
  » 1/4 »   1 1/4 »   1 1/4 »

On fait la dissolution dans un vase convenable, en y mettant d'abord l'eau, et après on y fait couler la poudre.

Les grains sont mis sur un sol planchéié ou pavé; on y verse par moitié, à deux reprises, la solution, en tournant et remuant bien vite les grains 4 à 5 fois avec une pelle, afin que tout soit bien réparti et mêlé. — Une heure après, on fait bien de mêler encore deux à trois fois.

Deux heures après, les grains sont assez secs pour qu'on puisse exécuter l'ensemencement, mais il est préférable de ne semer que le lendemain.

Il faut faire attention s'il y a une pluie à prévoir, afin que les grains semés ne restent pas à découvert sur les champs et n'y soient pas lavés.

Quand on est retardé pour les ensemencements, il faut répandre dans une localité aérée les grains préparés et les tourner souvent pour éviter la fermentation.

Bien desséchés, on peut conserver les grains pendant des années.

La préparation se fait encore mieux par trois personnes ; l'une verse la solution pendant que les deux autres, placées de chaque côté, mêlent bien vite les grains.

INSTRUCTION.

Pour un hectolitre de pommes de terre.

2 litres de poudre délayée dans 2 litres d'eau tiède. — On verse l'eau tiède sur la poudre en la délayant bien, et on laisse reposer cette solution au moins une ou deux heures. Il est mieux de le faire un jour auparavant. — Si l'on opère sur le terrain, on trempe les pommes de terre dans la solution et on les met immédiatement en terre. — Quand on les trempe à la maison, on les roule dans de la terre grasse ou argileuse, sèche et en poudre, ou dans la cendre passée au tamis. L'opération se fait mieux dans un panier ; on trempe dans le liquide les tubercules.

Pour cette opération il faut deux baquets, le premier contenant le liquide, et le second sur lequel on met deux bâtons, pour en faire écouler ce qu'il y a de trop de liquide. — Pour travailler plus vite, il est convenable de se servir de deux paniers, dont l'un pour les pommes de terre à imbiber, l'autre pour celles que l'on fait égoutter. — Sur les champs, on peut prendre aussi une cuve ou un tonneau, qui a au-dessous du fond un trou par lequel échappe le liquide. Dans ce cas, on arrose les pommes de terre par-dessus, et on verse de nouveau sur ces tubercules le liquide qu'on recueille au-dessous du trou. L'objet essentiel est de faire absorber pour un hectolitre de pommes de terre la quantité de la préparation liquide ci-dessus indiquée.

INSTRUCTION.

Pour plantes herbacées, fleurs, choux, artichaux, melons, concombres, salsifis, etc.

1 litre de poudre mise en dissolution dans 2 litres d'eau tiède. — Il faut faire le mélange avec soin, afin que le liquide absorbe la totalité de la poudre. On secoue pour que la mixtion ait lieu de la manière la plus complète. — Pour une plante faible ou petit pot, il suffit d'en mettre 1 dé ; une plante de 40 ou 50 centimètres (1 à 1 pied 1/2) 1 dé 1/2 à 2 dés, au-dessus, en proportion de 3 à 4, etc., etc. — Il est plus facile aux fleuristes de suivre cette indication avec soin, la diversité en grandeur et en vigueur diffère trop pour indiquer la mesure exacte de la solution à employer pour toute plante ou tout âge en particulier. — Il est dangereux de dépasser la mesure indiquée. — Après l'application de la solution, il faut arroser la plante avec de l'eau pure. Il faut en faire seulement une fois l'application. — Lorsqu'on veut préparer pour l'ensemencement les graines de fleurs, on met un certain volume de poudre en dissolution dans le même volume d'eau

tiede et on arrose les graines, que l'on fait sécher avec de la terre grasse ou argileuse, ou des cendres, après qu'elles ont été préparées.

Le pralinage des semences a les immenses et incontestables avantages :

1° D'empêcher les oiseaux de venir enlever une partie des grains semés ; .

2° De fixer l'engrais sur la semence et d'agir directement sur elle ;

3° D'éviter la pousse d'une quantité de mauvaises herbes, ce qui se produit par les engrais en général ;

4° De permettre aux plantes de taller davantage, etc.

Voici, à l'appui du pralinage, ce qu'en dit un des hommes les plus distingués de l'Allemagne :

« L'idée d'envelopper la semence avec la substance fertilisante avant qu'elle soit mise en terre est parfaitement rationnelle et utile dans son effet, car, par ce moyen, on renforce la voie par laquelle la nature opère elle-même pour la reproduction de la plante.

» Suivant une ancienne loi de la nature, la semence contient tous les éléments dont la plante a besoin pour la première période de sa vie. Donc, par le pralinage renfermant les conditions d'un bon engrais, les éléments de nourriture sont bien plus riches, de même la vitalité et la vigueur en doivent être augmentées. Il est naturel qu'une plante ainsi préparée doit mieux résister aux vices du temps.

» JULES-ADOLPHE STŒKHARDT,

« Professeur de l'Académie des forêts et d'agriculture à Tharand (Saxe). »

En résumé notre système offre les avantages suivants :

1° De pouvoir faire produire aux mauvaises terres de bonnes récoltes et en retirer bénéfice ;

2° De ne pas exiger l'assolement ou la jachère ;

3° De pouvoir cultiver toute espèce de plante à volonté dans n'importe quelle terre ;

4° D'obtenir une économie considérable dans le prix d'achat ;

5° De ne jamais avoir à craindre la falsification ;

6° D'obtenir une économie de moitié dans les frais de semence ;

7° De pouvoir faire ses ensemencements beaucoup plus facilement et beaucoup plus promptement ;

8° D'éviter les maladies des plantes ;

9° Grande économie de main-d'œuvre, de charrois, etc.

D'après M. Dailly, la fumure d'étable revenant par hectare de 500 à . . . , ... 600 fr.

Les engrais artificiels et autres revenant par hectare (minimum) à 150

La semence ordinaire par hectare de 2 hectol. à 2 hectol. 1/2, admettons seulement 2 hectol. pour 40

Prix pour 1 hectare. . . . 190 fr.

Notre engrais coûte pour un hectare. . . . . . 30 fr.

Le cultivateur, économisant moitié sur la semence, se trouve en réalité en gagner 1 hectol., soit. 20

Il ne reste donc de dépense de fait que. . . . . 10 fr.
ce qui lui procure déjà une économie réelle et nette de 180 fr. sur chaque hectare, sans compter une récolte double ou triple.

Nous faisons suivre ces notes d'une série de documents officiels de nos résultats obtenus dans tous les sols et sous tous les climats.

EXTRAIT

Mayence.

« Monsieur le ministre,

N° 1. Un sieur Bickès, propriétaire à Mayence, a lancé le prospectus d'une souscription pour la culture sans engrais.

Les conditions de la souscription sont assez simples. M. Bickès a entendu les établir de manière à écarter l'idée et la possibilité d'une duperie, attendu dit-il, que la souscription n'est payable qu'après que les souscripteurs auront reconnu que les résultats ont justifié leur attente et que l'invention aura été pratiquée dans mille communes.

Le caractère connu de M. Bickès ne permet pas de suspecter sa bonne foi, et encore moins sa loyauté ; s'il est prophétique et enthousiaste comme tous les gens profondément convaincus, et spécialement les Allemands, il n'en est pas moins un parfait honnête homme.

M. Bickès a eu le sort de tous les inventeurs, sa découverte a rencontré plus de détracteurs que de prôneurs et cela surtout de la part des agronomes littéraires et des savants de l'Allemagne. C'est qu'en Allemagne, tout ce qui ne procède pas par la science; et de la science, est contestée de prime-abord. Or, M. Bickès parlait tout simplement de la pratique.

Quoi qu'il en soit, de cette polémique scientifique qui continue encore, l'invention m'a paru trop importante pour ne pas être signalée à l'attention du gouvernement du roi, et plus spécialement à celle de M. le ministre de l'agriculture et du commerce.

En effet, avant que d'admettre pour ma conviction personnelle les résultats constatés dans les certificats et documents joints à la brochure de M. Bickès, à l'effet de prouver l'utilité pratique de sa découverte, j'ai surveillé et suivi avec attention, pendant les trois années de 1841 à 1843, les différentes applications qu'il en a faites dans la banlieue de Castel.

Or, voici ce qui de ces résultats publiés est actuellement constaté d'une manière irrécusable, tant parce que j'ai vérifié en personne, que ce qui a été constaté lors de l'expertise qui a eu lieu par une commission de la Société agricole du grand duché de Hesse, sur l'ordre du gouvernement, le 20 juillet 1843.

1° Dans une fosse uniquement remplie de sable du Rhin, à une profondeur de 4 pieds, et portant les mêmes plantes pendant deux années consécutives :

Des tiges de chanvre de la plus belle venue et ayant 7 pieds d'élévation.

Des plantes d'orge de 5 pieds de hauteur en faisceaux, de 20 à 30 tiges, couronnés d'épis longs et bien fournis ;

2° Dans des pots de fleurs remplis de sable du Rhin, des *plantes de froment*, d'une venue extraordinaire de vigueur.

3° Dans un enclos abrité exposé au midi, terre moyenne, un peu pierreuse, travaillée à la bêche, mais qui n'a pas reçu d'engrais depuis huit années.

Du ray-gras de France et d'Italie, de 6 pieds à 6 et demi de hauteur. (1).

Du trèfle blanc, de 1 mètre,	⎞ Ces plantes, se-
Du trèfle rouge ou *d'Allemagne*, 1 mètre et demi,	⎟ mées en 1842,
De la luzerne, 2 mètres et demi,	⎟ portaient la 2ᵉ
Du trèfle de Suède, 2 mètres 75 centimètres.	⎠ année.

Orge d'hiver, 1 mètre et demi de hauteur et portant 30 et jusqu'à 55 tuyaux par plante.

Avoine, 2 mètres de hauteur, avec 30 à 38 huit tuyaux par plante ou grain.

Froment d'été, 2 mètres d'élévation avec 20 à 25 tuyaux par tige de grain et portant de 5 à 6 grains dons une balle.

Orge de Himalaya, portant 6 rayons au lieu de 4.

Betie blanche, de 2 mètres 75 centimètres de hauteur avec des tiges très épaisses en proportion.

Enfin, choux, pommes de terre, salade, oseille, fenouillé, tabac, mauves, tournesols, etc., tout présentait une plus grande vigueur de végétation et de développement que partout ailleurs.

Le maïs était surtout remarquable ; les plantes présentaient 4 à 5 tiges avec 5 et 6 épis chacune.

En 1842, j'avais vérifié dans la banlieue de Castel, sur un terrain aride et sabloneux, une culture de maïs à la Bickès, dont la plupart

---

(1) Le pied de Hesse — 3 mètres 10 pouces 25 centimètres.

des plantes portaient 2, 3 et jusqu'à 4 tiges, avec 3, 4, et jusqu'à 5 épis à la tige.

Indépendamment de ces vérifications faites sur les lieux, et quelle que fut ma confiance dans la sincérité de M. Bickès, il m'importait encore de pouvoir juger les résultats de sa découverte sur une plus grande application et sur un sol autre que le sien et soustrait par conséquent à tout arrosement extraordinaire.

Je lui demandai donc de se prêter à cette expérience et il y accéda; il se rendit en conséquence à Hernsheim, au château de Mme la duchesse de Dalberg, à huit lieues de Mayence, où il fit ensemencer un champ de graines de colza préparés par lui. La graine a été fournie par la ferme du château, et l'ensemencement fait à la volée par l'un des valets de labour en présence de M. Bickès et de mon frère intendant de Mme la duchesse.

Je laisserai maintenant parler mon frère dans l'attestation remise à M. Bickès :

Hernsheim, 18 novembre, 1843.

« Un champ de la quatrième classe, d'une superficie de 204 toises □ de Hesse, labouré et disposé comme d'ordinaire mais non fumé, ensemencé en juin 1842, de colza préparé par M. Bickès, a donné les résultats suivants :

« 1° Les semences Bickès furent plus longtemps à pousser hors de terre que sur les champs voisins ensemencés d'une autre manière ;

2° Vers la fin d'août 1842, presque tous les champs de colza furent envahis par la mordelle (pucerons), de telle sorte qu'on fit passer la charrue sur un grand nombre de colza ;

« 3° Dans le champ Bickès on n'a remarqué aucun vestige de pucerons ;

« 4° Au contraire, vers la même époque, les plantes de ce champ prirent un tel développement de croissance et de vigueur, qu'elles dépassèrent considérablement toutes les cultures similaires. Le vert y était d'une couleur plus foncé et plus fourni ;

« 5° A la première reprise de végétation de 1843, les plantations surgirent si abondamment que tout le champ ressemblait à un buisson épais ;

« 6° Après la formation complète des gousses on remarqua un grand nombre de plantes portant deux gousses à la même souche ;

« 7° A la même récolte la graine était pure, ronde, noire, et très-douce au toucher ; le rouge y était imperceptible ;

« 8° Les 204 toises ont produit, en colza nettoyé et ensaché,

« 4 1 2 malters de Hesse (1).

« 9° Jamais rendement semblable n'a été obtenu dans notre banlieu, même sur les meilleures terres de la première classe.

Le produit Bickès, à Hernsheim, à raison de 128 litres par malter, a donc donné 572 litres sur une superficie 1275 mètres □, ce qui correspond à un rendement de 44 hectolitres, 86 litres.

Dans le grand duché de Hesse, le produit d'une bonne année ordinaire (moyenne de cinq) a été constaté officiellement par arpents des meilleures terres, à 7 malters = 8. 96 litres, ou par hectare = 35. 84 (canton de Sainte Fungstads et de Heppeinheim).

---

(1) 400 toises de Hesse = 2,500 mètres cubes. □
   2 4 Idem   = 1,275   idem

Canton d'Asthokfen, à une lieue de Hernsheim, par hectares, à 5 malters = 6. 40 litres $\frac{4 \text{ litres}}{25 \ 50}$.

Dans l'arrondissement de Lille, celui qui est le plus productif du département du Nord et de toute la France à la fois, le rendement d'une bonne année a été constatée officiellement à. . . .   21 93

Le rendement moyen des 21 départements de la région nord oriental de la France est de 13 44

et de celui des 22 départements du midi oriental. . . .   8 99

Un autre essai de la découverte Bickès a été fait à Hochheim, à la demande de l'un des membres de la Société agricole du duché de Nassau, en 1843.

Un champ de 90 toises nassauriennes, présentant sur toute la superficie les mêmes conditions de sol et d'exposition, a été divisé dans toute sa longueur en 2 parties parfaitement égales, dont l'une fut ensemencée en orge préparé par M. Bickès, et l'autre sans préparation, mais pour tout le reste, quantité, qualité des semences, main-d'œuvre, etc. Les choses furent absolument les mêmes pour chaque moitié.

Cette expérience a donné les résultats suivants : de la germination, la moitié Bickès devança beaucoup l'autre moitié.

Lors de la récolte, la moitié Bickès produisit 61 gerbes, lesquelles rendirent en orge ensachée :

2 3/4 malters de Hesse = 3 hect. 43 litres, et 43 bottes de pailles pesant 587 hect. hect. (à 1/2 kil.)

L'autre moitié produisit :

42 gerbes 17/3 malters d'orge = 2 hectol. 40 litres, et 28 bottes de paille, du poids de 382 kil.

Il y eut donc une différence de 45 p. 0/0 à l'avantage de la moitié Bickès.

Comme 148 toises de Nassau = 2,500 mètres $\square$, le rendement de 343 litres sur la moitié de 90 toises, équivaut à l'hectare à 34 hect. 98 litres.

Dans le département du nord, le rendement est de 31 74, et ce département offre le maximum des quarante-trois départements de la moitié orientale de la France.

Encore faut-il ajouter que le champ de Hochheim donnait, en 1853, sa quatrième récolte, puisque laissé en jachère enfumée, en 1839, il avait produit :

En 1840, du colza ;
En 1841, du froment ;
En 1842, des pommes de terre.

Les expériences faites à Hernsheim et à Hochheim à la fois, auraient donc confirmé les résultats constatés dans les divers documents insérés dans la brochure de M. Bickès.

Il n'y aurait donc plus à douter des avantages de la découverte pour les pays qui ont encore des terrains incultes ou qui cultivent en jachère et n'ont, par conséquent, ni le bétail ni les engrais suffisants

La France se trouverait plus ou moins placée dans ces conditions.

En effet, les documents officiels publiés sur les 43 départements qui constituent la zône orientale de la France, constatent que sur les 25 millions d'hectares du domaine agricole de cette moitié de royaume il y a ;

  8,863,000 hectares affectés aux cultures en grains ;
  3,335,000   id.   en jachères annuelles ;
  4,498,000   id.   en pâtis, lande et bruyères ;
  1,947,000   id.   en prairies naturelles et seulement ;
    733,000   id.   en prairies artificielles ;
  5,697,000   id.   en bois, vergers et châtaigneraies.

Le simple rapprochement de ces chiffres expliquerait donc comment, en France, le rendement moyen général en froment n'est que de 11 hectolitres à l'hectare, et celui des 43 départements de la zône orientale, de 12 hect. 42 litres, tandis qu'il est de 22 à 23 en Belgique, sur les rives allemandes du Rhin et dans tous les pays qui ont abandonné le système de l'assolement triennal. Le département du Nord, c'est-à-dire le plus productif de toute la France, rend 20 hect., 74 litres en bonne année ordinaire, et dans les mêmes conditions, on obtient 24 à 25 litres dans la Hesse-Rhénane.

Ces chiffres expliqueraient en outre comment la France, avec son sol riche et varié, est cependant demeurée tributaire de l'étranger pour une foule de produits nécessaires à sa consommation et à son industrie et que son agriculture pourrait lui fournir en surabondance, car dans les questions économiques, tous les frais se lient et se tiennent entre eux par des effets qui deviennent causes à leur tour. Ainsi fourrages, bétail, céréales et industrie sont absolument la même chose que les principes de production et de prospérité.

Sans rien exagérer, le chiffre de ces produits étrangers s'élève annuellement de 140 à 450 millions, d'après les valeurs officielles de nos importations, en 1841, valeurs qui, du reste, sont loin d'atteindre la réalité du prix.

En voici d'ailleurs le détail sommaire. Il a été importé en France en 1841 :

1º En viande sur pied (bœufs, moutons et porcs). .   9,700,000 fr.
2º En peaux, grandes et fraîches.   11,000,000
3º Oreillons, os, cornes, sabots et poils de bétail. .   2,000,000
4º Graisses de mouton, suifs et saindoux.   6,000,000
5º Laines d'Europe.   45,000,000
6º Fromages   3,000,000
7º Beurre   2,000,000
8º Engrais.   1,500,000
9º Gradus   3,600,000
10º Graines oléagineuses.   49,000,000
11º Lin et chanvre.   6,700,000
12º Légumes secs et fourrages   900,000

Total : 140,600,000 fr.

En toute rigueur il faudrait encore ajouter la valeur en huile d'olive avec 23,000,000, mais il faudrait en déduire 18 à 19 millions pour nos exportations en viande sur pied, en beurre, fromages, grains et autres objets similaires, de sorte qu'il y aurait à peu près compensation.

Si donc la découverte Bickès n'avait d'autre résultat que de diminuer d'un cinquième le tribut que nous payons annuellement à l'étranger, elle vaudrait déjà la peine qu'on s'en occupât. Il faudrait s'en occuper encore comme moyen de lutter avantageusement contre les tendances des pays étrangers d'Europe, à se suffire de plus en plus à eux-mêmes et à repousser nos produits.

Mais ce résultat ne serait sans doute pas le seul, puisqu'il y aurait à tenir compte de l'économie notable que l'on obtiendrait dans les frais de labour et de culture du domaine agricole actuel en France.

Enfin la découverte Bickès m'a paru surtout importante pour les départements du Midi, de sorte que j'ai pensé qu'elle pourrait venir en aide à la sollicitude de M. le ministre du commerce et aux efforts qu'il fait encore chaque jour pour modifier et améliorer le système des cultures dans cette partie de la France. C'est du moins dans cette pensée que j'ai osé appeler depuis longtemps la sollicitude de Votre Excellence sur cette question.

Du reste, je pense que si le gouvernement du roi voulait traiter directement avec M. Bickès, ce monsieur ne se refuserait pas à se soumettre préalablement à toutes les expériences quelconques à faire sur les terrains qu'on lui assignerait, dans tel ou tel département de la France.

Je suis, etc., etc.

Signé Engelhard (1),

Consul de France à Mayence, et chargé spécialement des intérêts de la France avec le Zollverein de l'Allemagne.

A ce mémoire si plein de faits, nous joindrons d'autres documents qui ne prouvent pas moins en faveur de notre système.

Voici d'abord une lettre qui atteste le vif intérêt que S. A. R. le prince Maximilien (aujourd'hui roi de Bavière), portait à notre invention. Elle nous a été adressée le 11 décembre de la même année par M. le curé Mayr, membre de la Société topographique et agricole à Schwabrück :

N° 2. Dès le lendemain de la réception de vos papiers, je me suis rendu à Hohenschwangau auprès de son Altesse Royale, que son royal père, Louis de Bavière, a nommé président de toutes les sociétés agricoles de Bavière. Je lui montrai mes papiers, dont le contenu plut à un si haut degré au prince royal Maximilien, que son Altesse fut occupée, pendant sept quarts d'heure, à les lire avec son maréchal baron de Zollern et l'adjudant Hartmann. Elle considère votre invention comme bienfaisante au plus haut degré, comme répondant complétement à tous les besoins, comme devant détruire entièrement l'indigence. Ce que son Altesse Royale trouvait surtout digne d'éloge, c'était :

(1) Mort en novembre 1852, ambassadeur extraordinaire à Carlsruhe, grand duché de Bade.

1° Que vous ne demandiez le payement que lorsque chacun aurait fait l'expérience de l'efficacité de votre procédé ;

2° Que vos demandes étaient extrêmement raisonnables ; pourtant elle ajoutait ces mots : « Cet homme sera d'ailleurs récompensé d'une manière particulière par tous les gouvernements et cabinets, comme un des plus grands bienfaiteurs de l'humanité, aussitôt que les faits tels qu'ils sont présentés ici auront été confirmés ; car un pareil inventeur mérite les récompenses et les témoignages de gratitude les plus considérables de la part de tous les Etats ! »

Voici une autre lettre non moins importante, qui m'a été adressée par M. Neydeck, conseiller régisseur des domaines de la grande duchesse Stéphanie de Bade, et ancien directeur du Jardin des Plantes de Mannheim.

Mannheim.

Monsieur,

N° 3. J'ai reçu votre lettre du 23 août ; je parlai à ce sujet à son Altesse Royale Mme la grande duchesse Stéphanie de Bade, et j'en reçus l'ordre de me convaincre auprès de vous, par mes propres yeux, et de réclamer de vous, de vive voix, différentes explications.

Aussi ai-je bien déploré de ne pas vous avoir rencontré. Mais M. Spielmann, banquier, a eu l'obligeance de me faire différentes communications au sujet de votre précieuse invention : seulement j'ai regretté de n'avoir pu voir les plantes que vous avez conservées comme échantillons. Malheureusement j'avais trop peu de temps à moi pour pouvoir visiter au dehors vos champs d'expérience ; mais je dois au hasard d'avoir pourtant vu quelque chose.

Chez le jardinier Hock, j'ai trouvé une rangée d'orges dans leur *seconde pousse*, les premiers épis étaient déjà mûrs et avaient été coupés. Je trouvai, attachés à une seule plante, vingt-sept nouvelles tiges vigoureuses qui déjà étaient en partie en épis. Deux rangées de pommes de terre ne m'offrirent, il est vrai, aucune différence essentielle comparativement à d'autres pommes de terre très bien fumées qui se trouvaient à côté. Comme d'ailleurs les pommes de terre sont plantées dans un très bon sol, votre préparation a néanmoins un avantage, puisque, avec une fumure de beaucoup moins coûteuse, vous avez atteint le même résultat.

M. Hock me fit remarquer une plantation sur la terre de M. Merz.

Cette terre, je la connais depuis vingt-cinq ans, et j'étais d'autant plus désireux d'y voir l'application de vos essais que le peu de productivité du sol m'est depuis longtemps connu.

M. Merz eut la complaisance de me montrer le champ d'expérience : là, ce qui m'a surtout frappé, ce sont les épis pleins et vigoureux de l'orge à six lignes, et qui sont si beaux que je n'en ai pas encore rencontré de plus parfaits sur les champs les mieux conditionnés. Quant à l'orge plantée dans du sable mouvant, il me semble que les rangées pourraient être un peu plus serrées. Mais l'orge a deux lignes, l'avoine, les pommes de terre et le maïs, je les ai trouvés en tout aussi bon état que dans les champs sablonneux voisins. Je n'ai pas pu juger du raifort, attendu qu'il avait été arraché par mégarde ; pourtant les feuilles de cette plante, qui gisaient encore sur le sol, contrastaient très avantageusement par leur fraîche verdure et leur vigueur avec les feuilles jaunes et maigres des mêmes plantes qui étaient encore en terre, mais qui n'avaient pas été préparées suivant votre procédé.

Cultiver des fruits dans ce sable mouvant, c'est ce qui ne peut venir à l'idée de personne, à moins qu'il n'ait à sa disposition beaucoup de fumier ou de terreau ; aussi votre invention est-elle d'autant plus précieuse que vous avez atteint ce but avec une dépense à peine appréciable. Il est facile de se convaincre sur ce champ que votre procédé n'amaigrit pas le sol ; car s'il s'y trouvait une ombre de force productive, l'agrostis *minima* et d'autres plantes maigres et qui se plaisent dans le sable, pourraient au moins y croître. Il est évident, de manière à ne plus en douter, que votre préparation de la semence rend les plantes capables de puiser leur nourriture surtout dans l'air. Aussi me semble-t-il que votre invention ne peut agir dans toute sa force que là où elle est appliquée en grand ou sur certaines plantes particulières, qui *ne soient pas trop près d'autres plantes non préparées.*

Quelqu'un m'a fait l'observation que le temps favorable qui a régné cette année est venu singulièrement en aide à vos plantations. Je le veux bien, mais je n'y trouve rien qui soit de nature à amoindrir votre invention ; car enfin ce temps a été tout aussi favorable aux autres champs de sable qui sont dans un bon état de culture.

Comme mes affaires ne me permettaient point de m'arrêter plus longtemps, je n'ai pu voir vos essais sur des champs de meilleure condition, je me réserve cette tâche pour plus tard.

Hier donc j'ai fait, à Baden, verbalement mon rapport à son Altesse Royale Mme la grande duchesse Stéphanie, et j'en ai reçu la mission de souscrire pour elle et pour son personnel pour dix-neuf actions : je m'inscris moi-même pour une action. Vous reconnaîtrez sans doute la solvabilité, sans avoir besoin d'une attestation judiciaire.

Je dois vous demander en outre si la communication de votre procédé n'aura lieu qu'à la fin de cette année ou si elle sera faite plus tôt, afin qu'il puisse encore être appliqué en partie lors des semailles d'hiver.

Je suis sur le point de partir pour Umkirch, près Fribourg, où je resterai quatre à cinq semaines. Si vous vouliez avoir la complaisance de m'écrire aussitôt qu'il vous sera possible, veuillez adresser votre lettre à Umkirch.

J'ai l'honneur d'être, avec une considération distinguée, votre dévoué,

K.-J. Neydeck,

Conseiller régisseur des domaines de la grande-duchesse
Stéphanie de Bade, et ancien directeur du Jardin des
Plantes de Mannheim.

Le journal *Didaskalia* rend ainsi compte de la réunion agricole de Dusseldorf et du discours qu'y prononça M. le Président, comte van der Recke-Volmerstein.

Dusseldorf.

Dans la séance qui réunissait hier après-midi, dans la salle de Becker, la quatrième section locale de la Société agricole, le comte van der Recke a prononcé un discours remarquable au plus haut degré. Voici ses paroles :

Nous sommes, Messieurs, à la veille d'une grande catastrophe agricole ! Jusqu'ici, dans tous les domaines particuliers de la science humaine, les inventions ont succédé aux inventions, et l'intelligence s'est élevée toujours de plus en plus parmi les artisans, les artistes et les savants. Mais dans l'agriculture, quels qu'aient été les efforts pour l'élever jusqu'à la dignité d'une science véritable, rien d'extraordinaire ne semblait vouloir apparaître, bien que les efforts les plus persévérants et les esprits les plus distingués fussent tournés vers ce but. Je me réjouis d'autant plus, Messieurs, que la sagesse divine (qui, toujours quand le besoin s'en fait sentir, permet à l'homme de plonger un regard dans les merveilles de la nature pour alléger la misère et soulager les besoins), ait encore pris ce soin aujourd'hui. Je regarde en effet l'invention de M. Bickès comme un don de Dieu, comme un regard profond, et j'oserais dire sauveur, jeté dans la vie cachée des plantes. C'est aux recherches de M. Bickès que nous devrons, après Dieu, d'assister à une complète transformation de l'état de l'agriculture.

Bien plus, nous pouvons affirmer avec assurance que l'état de la société humaine tout entière en sera profondément modifié. L'invention Bickès, qui consiste à fumer la semence au lieu de la terre, amènera une solution des plus bienfaisantes ; elle aura la plus salutaire influence sur l'état de la société tout entière ; et je puis assurer, après que l'auteur m'a communiqué son système, que ses résultats sont *indubitables* ; je la considère comme l'une des inventions les plus bienfaisantes et les plus salutaires de ces derniers siècles, et mon cœur palpite de joie dans l'espérance que désormais, non-seulement les peines du laboureur seront adoucies, mais encore que la misère et le besoin seront écartés de manière à permettre un grand développement de l'état moral de l'humanité.

Le *Journal de Francfort* contient une correspondance de Mayence, qui n'est pas moins explicite sur les résultats obtenus par nous. Voici cette correspondance :

Jeudi passé, une commission de la Société agricole de la province de la Hesse Rhénane s'est réunie par l'ordre du ministre grand ducal de l'intérieur, sous la présidence du président de la province, M. le baron de Lichtenberg, pour donner son avis sur les fruits, fourrages artificiels et autres plantes cultivées à Castel, d'après la nouvelle méthode de M. Bickès. Elle a déclaré que les végétaux, qui tous avaient été plantés dans du sable du Rhin, avaient une telle vigueur, un si grand développement et se présentaient en si grand nombre et avec une telle richesse qu'on ne pouvait en obtenir de pareils sur le *meilleur terrain fumé.*

N° 6. — Nous soussignés certifions avoir vu au jardin impérial, *an der Burg*, les semailles faites par M. Bickès, et consistant en blé, orge et maïs, et que le 24 juin ces végétaux se sont trouvés dans l'état suivant :

1° Le froment était en floraison et la semence préparée avec des épis plus grands et des grains en plus grand nombre que ceux des semences non préparées.

2° La semence préparée portait même quatre colonnes à chaque épis et plus du double du nombre de grains ; tandis que les épis de l'orge non préparée n'avaient que deux rayons et moins de grains dans chaque rayon.

3° Les plantes du maïs préparé étaient démesurément plus longues et plus épaisses que celles qui n'ont pas été préparées.

Vienne le 24 juin 1839.

Signé : STEININGER, ZITTEL, SCHISKA.

N° 7. — Le soussigné affirme, par le présent, à M. Bickès qu'ayant examiné les grains et les autres plantes ci-après désignés, préparés par lui dans la semence, et les ayant comparés avec ceux semés à côté dans la même pièce, mais sans préparation, il (le soussigné) a trouvé le tout dans l'état qui suit :

Les plantes provenant de semence préparée présentaient une végétation infiniment plus énergique, un vert plus foncé, des tiges plus grosses, des feuilles plus belles et plus fraîches que celles de semences sans préparation ; les grains en étaient considérablement plus gros, avec cela la péricarpe de la balle plus mince, et par conséquent les grains plus farineux en particulier.

1° Le chanvre était plus haut et les jetons latéraux plus fournis de semences ;

2° Le blé de Turquie avait plus d'épis ;

3° Le blé sarrasin avait plus de trois pieds de haut et était rempli de grains ;

4° Le froment, le seigle, l'orge et l'avoine avaient des tuyaux plus gros et en plus grand nombre, des épis plus grands et mieux fournis en grains ;

5° La luzerne était sans comparaison plus belle et mieux garnie en jets, avec des racines deux à trois fois plus vigoureuses.

Comme cette invention, utile au plus haut degré, peut être mise en pratique sans l'emploi de l'engrais et même dans les champs les plus maigres et sans entretien de bétail, ce qui, le plus souvent, devient impossible par le manque de fourrages ; que la préparation est fort peu coûteuse et fait épargner une partie de la semence des graminées, l'utilité en est incalculable sous beaucoup de rapports pour l'économie rurale. Le procédé est applicable à toutes les plantes et leur communique une végétation étonnante et une plénitude qui conduira à de nouveaux phénomènes dans le monde végétal. Ces apparitions se sont déjà réalisées en partie, puisque les épilets d'orge à deux rayons ont été transformés en épis à quatre rayons, et même en un nombre de grains à chaque rayon qui ne s'est point encore présenté dans la nature.

Les disques de l'héliotrope avaient plus du double du diamètre, les choux-raves, les têtes plus grosses; les choux-fleurs, les fleurs plus fournies; les balsamines et les concombres étaient beaucoup plus riches et présentaient des fruits abondants, tandis que ceux dont la semence n'avait pas subi la préparation, n'offraient que quelques fruits rabougris de quelques pousses qui tombaient en pourriture.

Par la continuation de quelques années de cette amélioration, tout le règne végétal sera régénéré, puisque les essais faits très tardivement cette année ont produit une grande augmentation de vigueur dans les plantes.

Cette invention surpasse ce qui a été connu jusqu'à ce jour à un tel degré qu'elle laisse derrière elle toutes les améliorations agronomiques, jusqu'aux substitutions d'engrais et les engrais mêmes.

Fait à Vienne, le 9 octobre 1829.

Signé : Jean-Nép. REITOFER;
WOLFGANG MAYER,
Officier taxateur, témoin.

B. SKRIWANEK,
Taxateur adjoint, témoin requis.

(L. S.)

Le magistrat soussigné et ci-après qualifié de la ville impériale et royale de Vienne, capitale de l'empire d'Autriche et résidence de S. M. l'empereur, atteste que Jean-Nép. Reithofer a signé en personne la déclaration ci-dessus, et que par leurs signatures les témoins ont confirmé l'identité de sa personne.

En foi de quoi, nous avons signé et fait apposer le sceau de notre juridiction.

Fait à Vienne, le 11 janvier 1830.

Signé : Jean-Bapt. RIPELLY,
Vice-Bourguemestre;

M. RUHN, Conseiller :
Jos.-Nép. HIRSCH, Secrétaire.

(L.S.)

———

N° 8. — Nous soussignés certifions que, sur la demande de M. Bickès, nous nous sommes transportés sur les terres siliceuses, maigres ou non fumées, ensemencées et plantées selon son invention, et que, examen fait des récoltes sur pied, nous avons trouvé le tout dans la situation suivante :

Sur le champ de M. Deisler nous avons vu des blés de mars, du seigle, de l'orge et du lin préparés et d'autres non préparés, mais de la même espèce.

Le blé préparé a poussé 10 ou 15 tiges d'un seul grain, les nouveaux grains plus gros et plus nombreux, et dans la même glume un troisième entre les deux autres, lequel manque totalement au froment non préparé. Les épis de seigle renfermaient jusqu'à 14 grains dans un rayon, tous plus complets qu'à l'ordinaire. L'orge à deux rayons avait 8, 10 et 15 brins par souche, celle de 6 rayons, 12 grains, et celle de deux, 14 grains par rayon. En général tout est plus grand, plus riche que dans les meilleurs champs de notre finage.

Le lin préparé est d'une pesanteur double dans les tiges et les capsules, et celles-ci sont du double en nombre ; et là où l'autre commence déjà à jaunir, celui qui a reçu la préparation est encore d'un vert très foncé.

Les pommes de terre surtout surpassent tout ce que l'on a jamais vu dans les cantons les plus riches. Une seule pomme de terre a poussé jusqu'à dix tiges et plus, plusieurs des souches en avaient jusqu'à 15 et 17, tandis que dans les meilleurs champs non préparés on n'en voit, l'un portant l'autre, que le tiers de ces nombres.

En aucun lieu, même dans les jardins, on ne trouve de l'herbe, du trèfle, des haricots, des betteraves, des choux blancs, des choux frisés, des choux-raves, des tournesols, des raves, etc., qui présentent une abondance, un luxe comme les plantes dont nous parlons.

Dans les champs de M. Diehler, les semences étaient de 6 Gescheld (environ 12 litres) par arpent, portant le quart de la quantité ordinaire, pour le blé de mars et le seigle.

Le seigle provenu de la semence préparée formait un véritable contraste avec le non préparé à côté. Il était de beaucoup plus élevé et portait des grains plus gros et en plus grand nombre dans les épis.

Le froment était plus beau que celui de toutes les autres pièces. Il se distinguait par son abondance de celui des champs de première qualité et bien fumés. Plusieurs souches avaient 8 à 9 tuyaux avec un troisième grain dans la balle.

Le terrain où se trouve ce blé est une terre glaise bleuâtre qui d'ordinaire ne produit rien.

A côté de son orge, M. Pfalz fit fumer un arpent de cette même céréale, mais il s'en faut de beaucoup qu'elle présente une moisson aussi complète que celle dont la semence a été préparée ; celle-ci porte des grains plus fournis et en plus grand nombre, des tuyaux plus épais et aussi plus nombreux que ceux des autres pièces contenant même des grains d'hiver. Le trèfle préparé et semé avec l'orge est d'une beauté particulière.

Offenbach, le 12 août 1830.

Signé : Pierre Deisler.
(L. S.)   Ph -J. Diehler.
                  Frédéric Pfalz.

Pour légalisation des signatures.

Signé : Schawner, bourguemestre.

A la prière de M. Bickès, les soussignés, jurés du tribunal rural, accompagnés de MM. Pfalz, Diehler et Deisler, propriétaires de biens ruraux, qui avaient fait préparer leurs semences par M. Bickès, se sont rendus sur les lieux, à l'effet de procéder à l'examen des récoltes sur pied, et où ces derniers leur ont donné l'assurance que depuis plusieurs années les champs n'avaient reçu aucune amélioration. Ils (les soussignés) attestent ce qui suit, conformément à la vérité :

Les moissons, dont les semences ont été préparées, notamment celles de M. Deisler, consistant en blé, seigle, orge et lin, se sont trouvées d'une beauté frappante en comparaison de ceux dont les semences n'ont pas reçu de préparation ; les pommes de terre et plusieurs articles de jardinage ont été beaucoup plus frais et plus abondants ; les céréales avaient plus de brins et les épis étaient plus remplis. Chez M. Pfalz, l'orge était en fort meilleur état que dans la pièce contiguë ; et chez M. Diehler, le blé avait plus de tuyaux que partout ailleurs.

Quant au seigle, il a été inondé pendant presque tout l'été, de sorte que l'ensemble n'a pu être jugé ; mais quelques endroits, qui ont moins souffert que le reste, ont présenté une différence frappante à l'avantage de la semence préparée, et si ce grain avait été favorisé par la température, la différence aurait été plus grande encore.

Les pommes de terre de M. Deisler méritent une mention particulière. Le nombre des jets poussés d'une seule de ces tubercules était au-dessus de tout ce qu'on a jamais vu, même dans les champs les plus favorisés par la nature ou par la culture.

Les pièces visitées se composent d'un sol siliceux, maigre et pierreux, et sont comprises au nombre des plus mauvaises de notre finage.

Offenbach, le 12 août 1830.

Signé : George NAGEL.

Jérémie GEISSELBRECHT.

Pour légalisation des signatures de MM. Nagel et Geisselbrecht, juges ruraux.

Offenbach, le 26 août 1830.

(L. S.) *Signé :* SCHAWNER, bourguemestre.

———

Les soussignés ont été invités à examiner les plantes cultivées au jardin du comte, selon l'invention de M. Bickès, et y procédant aussitôt en présence de M. Seel, jardinier comtal, ils ont vu ce qui suit :

1° Plusieurs tournesols de 10 à 11 pieds de haut, dont les tiges, mesurées près de terre, avaient 8 1/2 à 9 pouces de contour. Il y en avait de 2 à 3 dans un espace très resserré. Les mêmes tiges consistaient en un bois solide qui peut être assimilé sous le rapport du phlogiston aux pins de 8 à 10 ans. Les péricarpes, comme les grains, se distinguaient par leur plénitude et leur grosseur.

2° Dix à douze plantes de pommes de terre, de la grosse espèce

jaune, appelées ici *Marburger*, avaient, l'un portant l'autre.
plus de 30 forts tubercules, avec de grosses tiges de 7 pieds de
7 pieds de long.

3º Le maïs était planté, partie isolément, et partie en lignes. De
ce dernier, la première et la deuxième plante portaient, chacune, 9 épis ; la troisième 8 ; les trois suivantes, chacune 4 ; la
septième 6 ; la huitième et la neuvième, chacune, 5 ; la
dixième et la onzième, chacune, 4 ; la douzième 8 ; la treizième
et la quatorzieme n'en avaient que deux chacune ; mais elles
étaient plantées sous un arbre.

Ces plantes étaient en partie assez mal cultivées, étant partout
entourées de mauvaises herbes fort élevées. Ce que nous attestons
conformément à la vérité.

Büdingen, le 12 septembre 1831.

> *Signé :* Eberling, bourguemestre.
> Charles Lehning, conseiller municipal.
> J. Hanner, conseiller municipal.
> Henri Seel, jardiner du comte.
> Jean Stein, officier rural assermenté.
> Dr. G. Hudichum, directeur du gymnase.
> Bernard, assesseur, camérier et membre de la société
> agricole du Grand-Duché de Hesse.
> C. Lehr, bourguemestre à Rohrbach et membre de
> la même société.
> Jean Schneider, cultivateur.
> Puckel, intendant des finances.

Pour légalisation des signatures des messieurs ci-dessus nommés
et qualifiés, et pour attestation de la vérité de leur déclaration, de
laquelle vérité je me suis convaincu par moi-même.

Büdingen, le 16 septembre 1831.

(L. S.)   *Signé :* Hofmann,

Sous-préfet (Landrath) dans le Grand-Duché de Hesse
et du comté d'Isenbourg.

Extrait de deux lettres de M. Reithoffer, cité plus haut, que, dans ses écrits économiques, le conseiller de cour, André, qualifie *de cultivateur le plus intelligent de la Moravie.*

Vienne. le 18 juillet 1830.

J'ai vu le seigle provenant de votre semence préparée (deux jo-
charts de terrain sablonneux et pierreux à Hollenburg, près de
Saint-Polten), et l'ai trouvé dans un état si prospère que j'ai demandé une commission d'office de l'endroit afin de le visiter et
d'en constater l'état, en tant que la chose pouvait se faire et que la
récolte était encore sur pied. La déclaration de ces experts porte ce
qui suit :

« Que le seigle venant de votre semence préparée est non-seulement plus élevé et porte des épis plus forts avec des grains mieux

fournis que celui d'à côté et venant de semence non préparée, en-core qu'il ait été semé sur un terrain de pareille valeur, mais aussi plus grand et plus riche que celui du reste du finage. »

Vienne le 26 octobre 1830.

Les résultats étaient, ainsi que je l'ai vu moi-même, presque in-croyables, et tels que, de près ou de loin, les admirateurs accouru-rent en foule. Il y en eut même de Vienne et des principaux inté-ressés de la société agricole de cette ville.

Amsterdam'sche Courant en Allegemeen Handelsblad du 30 octobre 1834.

SCIENCES PHYSIQUES. — (*Article traduit du hollandais.*)

N° 12. — Nos feuilles n'ont pas encore fait mention d'un phéno-mène vraiment admirable et d'une égale importance tant pour l'ob-servateur de la nature et de l'histoire que d'un prix incalculable pour l'agriculture.

Il s'agit de plusieurs plantes cultivées sans engrais, dans un car-reau formé de sable des dunes, à une hauteur de 6 à 8 pouces au-dessus du niveau du sol.

Indépendamment de ces circonstances, ces végétaux furent semés et plantés pendant les chaleurs extraordinaires de cette année. Ce fut notamment le 3 juin qu'on planta de l'orge d'été, du froment, du seigle, du blé sarrasin, du lin, du maïs, du tabac et diverses es-pèces de salade ; et, vers la fin du mois, des pommes de terre par boutures, et, plus tard encore, du ray-gras, du trèfle blanc et rouge, de la luzerne et de l'esparsette. Une autre couche de sable des dunes portait des pommes de terre dites *zélandaises*, de 20, 24 et 28 fortes tiges de trois pieds de haut.

Ces plantes se trouvaient dans l'état qui suit : le blé et le seigle, bien que tellement serrés que les premières feuilles en étaient étouf-fées, avaient 50, 60 et jusqu'à 80 branches provenant d'un seul grain. Elles n'étaient pas montées en tuyaux, parce qu'un ouvrier les avaient arrachées par mégarde.

L'autre orge a eu des épis dans la même proportion, et étant ar-rivée a maturité, elle fut récoltée et avait poussé force jeune orge toute verte.

Le blé sarrasin avait 4 1/2 à 5 pieds de haut ; le lin 4 à 5 tiges d'une seule graine, et ayant été délivré des plantes d'alentour, il poussa de nouvelles branches et de nouvelles fleurs. Le maïs, d'une hauteur de 9 à 10 pieds, a 4 à 5 tiges et 4 à 5 épis pour chaque grain. Les pommes de terre provenant de la plantation de boutures ont trois pieds de haut. Le ray-gras poussait tous les jours à une température de 24 degrés de chaleur atmosphérique et 32 de chaleur terrestre, sans qu'aucune de ces plantes ait été le moins du monde fanée, même à la plus grande chaleur du jour. Elles ont actuelle-ment une telle élévation que l'on ne peut plus en compter les branches. — Le trèfle blanc, naturellement si petit, est égal au rouge en feuilles et en hauteur. La longueur de la luzerne rouge est de trois pieds. La salade est plus luxuriante que celle des jardins. — De deux plantes de tabac, étaient nées, à la première floraison, 541 péricarpes, et l'on en a ôté jusqu'à ce moment plus de 200 feuilles, tant grandes que petites. Lorsque celles-ci furent coupées, les plantes se couvrirent de plus de branches et de fleurs qu'auparavant, et elles produisaient à la seconde floraison 742 péricarpes plus fournis que les premiers. — La troisième floraison est maintenant en boutons, et les plantes sont en pleine vigueur. (Les 1,283 péricarpes en provenance donneront deux hectogrammes de semence ou environ 7 onces.)

Aucun terrain ni aucun climat n'offrent une force productive telle qu'on la voit ici dans le fameux sable des dunes. La semence seule avait été préparée; mais on peut aussi soumettre les plantes à la même préparation.

Cet *aimant* peut être appliqué à tout le règne végétal, c'est-à-dire depuis la moindre plante jusqu'aux vignes et aux arbres.

C'est l'invention d'un Allemand, qui, dans plusieurs pays, a fait, depuis plusieurs années, de nombreuses preuves, et dont le procédé offre plus de garantie que toutes les améliorations ordinaires du terrain.

Par ce moyen, les déserts sablonneux les plus arides peuvent être transformés en jardin d'abondance.

Qui peut prédire les changements qui pourront résulter de ce nouveau système de culture pour la société humaine! Toutes les ressources de bien-être et de contentement y sont renfermées, et une des occupations les plus vénérées des anciens sera ennoblie par elle.

Les plantes dont il s'agit sont à voir dans le beau jardin si bien connu de M. Charles Sacker, qui a l'obligeance d'en permettre l'entrée à tous les naturalistes. Il est situé à la porte de Raamthor, à la Couronne impériale, et se distingue par un beau choix des plantes les plus rares.

N° 13. — Les soussignés, gardes-champêtres du finage de Castel, près de Mayence, certifient que dans l'étendue du territoire confié à leur garde, il n'y a pas de plus belles pommes de terre que celles de M. Bickès, et que notamment le soussigné Krammer a été chargé par lui d'en chercher de plus belles, s'il lui était possible.

Ces pommes de terre étaient plantées dans un champ qui n'avait pas été fumé depuis nombre d'années et avaient été plantées selon l'invention de H. Bickès, ce que nous affirmons également.

Castel, le 16 novembre, 1841.

Signé : Philippe KRAMER,
GOTHE,
MEIS.

Pour légalisation des signatures des gardes-champêtres, Kramer, Gothe et Meis.

Castel, 18 novembre 1841.

(L. S.) *Signé :* LOHER, bourgmestre adjoint.

N° 14. — Nous soussignés certifions avoir examiné les plantes traitées selon l'invention de M. Farnçois Bickès, tant aux champs qn'au jardin, et consistant :

En avoine, orge, blé trémoin et blé d'hiver, maïs, pommes de terre, ray-gras fromental, trèfle blanc et rouge, luzerne, trèfle de Suède, lin, *madiasativa*, millet, chanvre, etc.

1° Un champ fortement mêlé de sable, que personne ne se serait avisé d'ensemencer de blé, et qui était tellement épuisé que M. Lorge, propriétaire, n'aurait pu continuer à l'exploiter, sans l'amender de fumier.

M. Bickès l'avait loué de moi et y avait semé du blé, qui a si bien réussi, qu'il égalait et surpassait même celui des autres champs d'un bon terrain et étant fumés comme à l'ordinaire,

2° Quatre arpents au terroir Babenbenberghohl, dont la moitié était ensemencée d'avoine et le reste d'orge. L'une et l'autre céréale étaient beaucoup plus belles que celles des meilleurs champs des environs. Ce même champ était dans un tel état d'effritement, que le propriétaire l'a offert gratuitement à M. Bickès.

3° En aucun lieu on ne trouve le maïs dans un état aussi florissant, pas même dans les années favorisées, ni dans les champs engraissés : chaque plante portait trois, quatre à cinq tiges, avec autant et plus d'épis à chaque tige. Cette pièce était d'un fond maigre et sablonneux, qui, de mémoire d'homme, n'avait reçu le moindre engrais.

4° Dans un enclos pauvre et pierreux, dont le sol est inférieur à celui des champs ordinaires et qui, jusqu'ici, n'a été que pioché, tout y poussait avec une vigueur extraordinaire, telle que l'on ne la voit même pas dans les meilleures années. Aussi M. Bickès a-t-il promis un écu de Prusse à chaque garde-champêtre qui lui trouverait des plantes plus vigoureuses même dans les meilleurs terrains bien fumés.

Ce fut une chose digne de remarque que l'orge contenait jusqu'à 18 grains dans la colonne, que beaucoup de souches portaient 45 tuyaux, et que le blé de mars était si productif que la balle renfermait 4 et même 5 grains. Il n'était pas rare de voir des souches de pommes de terre avec 30 tiges. Le maïs avait généralement 4 à 5 tiges, plusieurs en avaient jusqu'à 6 ou 7, et chaque tige pareil nombre d'épis. Une des plantes portait 14 épis ; à une autre on comptait 6 épis à la principale tige. Les autres n'étaient pas assez développées.

Dans le même enclos se trouve une fosse de quatre pieds de profondeur, remplie de sable du Rhin, et plantée et semée de ceps, d'orge, de froment printanier, d'un pied de chanvre et d'une souche de pommes de terre. Le tout offrait à la vue une vigueur extrême, telle que la pareille ne se voit pas dans les meilleurs champs. Le chanvre avait 10 pieds de haut et croissait encore. Le blé avait quatre grains dans chaque balle, et une plante d'orge était composée de 26 tiges avec les épis de la même force.

Les résultats des années précédentes et ceux de la présente sont tels que, nonobstant la sécheresse extraordinaire de cette année, ils ont levé chez les habitants de notre commune jusqu'au dernier doute sur l'efficacité de l'invention de M. Bickès, et ont mis en évidence qu'ici doit agir une puissance que jamais aucun engrais n'a produit dans les bonnes années combinées avec les meilleurs terrains.

Nous déclarons en même temps que le rapport supérieur saute si bien aux yeux, qu'il serait inutile de le mesurer au boisseau, puisque tous les champs de notre ban sont là pour servir de contre-épreuve.

C'est ce que nous attestons pour rendre hommage à la vérité, et en foi de quoi nous avons apposé nos signatures.

Castel, le 20 août 1842.

Signé : Lorge.
B. Bulch II.
Paul Hœfel.

———

N° 15. — Les soussignés (secrétaire et membre de l'union rhénane des naturalistes et des médecins) ont visité, d'après le désir de M. Bickès, un grand nombre de plantes, qu'il a cultivées, avec la semence préparée d'après sa méthode, dans un mauvais terrain sablonneux et sans engrais, ce qui a été reconnu par les parcelles de terre attachées aux plantes, et ils ne peuvent qu'exprimer leur étonnement de la croissance abondante et énergique, ainsi que de la quantité des grains qu'elles renfermaient. Ce sont surtout les céréales qui ont excité leur admiration, puisqu'ils en ont vu de 25 à 50 tuyaux d'une grande longueur provenant d'une seule racine, et avec des épis plus beaux que d'ordinaire et fournis de grains nombreux et complets. Ce qui a dû les surprendre d'autant plus que dans cette année de sécheresse les céréales n'ont que peu réussi et ont réellement manqué.

Mayence, le 27 septembre 1482.

Signé: F. L. Schlippe.
A. V. Buchner.
Le docteur Ruckeissen.
M. Dr. Gerges.
Secrétaire de la Société rhénane des naturalistes,
et professeur d'histoire naturelle.

———

Extrait des procès-verbaux de la section des sciences économiques et forestières de la 20° réunion des naturalistes et des médecins allemands, siégeant à Mayence. Séances du 20 septembre et suivantes de l'an 1842.

(5° séance du 23 septembre 1842.)

N° 16.— Le docteur Cassebeer a ouvert la séance par la proposition tendant à prendre une décision au sujet de la demande de M. Bickès. Quant à sa personne, il était intimement convaincu que l'invention de cet agronome méritait une attestation favorable, et que dès lors il y avait lieu de recommander aux cultivateurs de la section la souscription aux actions de 10 florins offertes par M. Bickès, en se disant disposé à prendre une de ces actions. La majorité des membres sectionnaires déclara accéder à la proposition, et tous, à l'exception du professeur Neeb, opinèrent en faveur du certificat mentionné ci-dessus.

Pour extrait conforme,

Le président de la section.
Signé : Dr Pitschaft.

Les secrétaire de la section.
Signé : W. Mann et Heimburg.

Pour la légalisation des signatures de messieurs le président et les secrétaires de la section des sciences économiques et forestières de la 20e réunion des naturalistes et médecins allemands.

Mayence, le 29 septembre 1842.

Le sous-directeur,

Signé : Bruch.

Société de l'horticulture à Mayence.

Nº 17. — Le comité d'administration à M. Bickès à Castel.

Nous nous faisons un agréable devoir de vous exprimer notre cordial remerciement de l'officieuse obligeance avec laquelle vous avez embelli notre dernière exposition de votre superbe collection de plantes. A cette reconnaissance, nous joignons la prière que vous voudrez bien continuer de seconder notre société de la même manière afin de lui donner de jour en jour plus d'importance et de prospérité. Agréez l'assurance de notre estime distinguée.

Pour le comité d'administration.

Ant. Humano,
Président.

A. de Jungenfeld,
Secrétaire.

Extrait d'une lettre de M. le bailli Sarasin à Gudheim, en date du 18 juillet.

Nº 18. — J'ai reçu votre honorée lettre du 8 de ce mois, et il faut que je vous dise, à mon grand chagrin que vous avez le sort de tous les grands hommes qui ont fait tant de bien au monde et à l'humanité ; restez fidèles à votre principe et ne vous laissez pas détourner de communiquer à la société cette grande invention ; la postérité vous en saura gré, et ennemis et envieux rougiront de honte.

Nº 19. — Les soussignés ont examiné, à la réquisition de M. Bickès, les plantations cultivées sur un sol de troisième classe. Ayant suivi son système depuis trois années consécutives ; ils ont reconnu ce qui suit :

1° La seconde coupe de Ray gras italien et français, avait une hauteur de 5 à 6 pieds et offrait une herbe d'une vigueur extraordinaire.

2° La luzerne d'une vigueur telle que les feuilles étaient presque rondes.

3° Le trèfle rouge, qu'on laboure ordinairement à la deuxième année, conservait encore la supériorité à sa troisième année.

4° Différentes espèces de pommes de terre de 6 pieds de hauteur, dont les tiges sont plus fortes que le doigt d'un homme. Les tubercules sont dans une parfaite proportion avec les plantes, elles sont d'une grandeur plus qu'ordinaire, et nous en avons trouvé sur un pied trente à quarante et même davantage.

La grandeur des espèces de Saint-Jean et hollandaises est particulièrement remarquable, car elle dépasse même celle des plus grandes tubercules connues ici.

5° Maïs de 8 à 10 épis et souvent 4 à 5 tiges sur un pied.

6° Deux plantes de mauves produites cette année de semence, et qui ne fleurissent qu'à la seconde année, furent chargés de fleurs en pleine vigueur.

7° Les petites mauves sauvages (malva mauritianæ) avaient six à sept pieds de hauteur et étaient chargées de grandes fleurs.

8° La rose commune (centifolio) a produit sur tous les rosiers une grande quantité de semence.

9° *Des champs d'orge, de froment et d'avoine ont présenté la plus belle verdure et ont poussé une seconde fois des épis.*

10° Les feuilles des houblons étaient plus grandes que celles de vignes.

M. Bickès nous a défiés de lui montrer un autre champ qui ait un développement pareil de vigueur, même dans les premiers jardins des environs, et nous devons constater qu'une telle vigueur ne s'est jamais montrée dans nos contrées.

Il est surprenant que les plantes préparées attirent une grande quantité de nourriture de l'atmosphère qui profite considérablement aux plantes non préparées qui se trouvent à proximité. Nous avons reconnu cela sans le moindre doute, car les plantes qui se trouvaient à côté étaient d'une plus grande vigueur que celles qu'un même sol ou tout autre non préparé est incapable de produire.

Pour cette raison, il est évident qu'on ne peut pas établir une juste comparaison entre les plantes préparées et non préparées, lorsque les unes se trouvent immédiatement à côté des autres, parce que les dernières altèrent et diminuent la quantité de nourriture attirée de l'atmosphère par les premières.

Nous n'avons pas trouvé la culture soignée, et M. Bickès a déclaré l'avoir expressément négligée, afin qu'on ne puisse attribuer les résultats à un excès de soins.

Signé : A.-H. Schots,
Expert et membre de la Société d'horticulture.

Signé : Berz.

Mayence, Mombach.

N° 20. — Aujourd'hui 11 août, les soussignés se sont rendus, à la réquisition de M. Bickès, sur ses champs, pour vérifier les produits provenant de ses ensemencements préparés par son procédé.

Monsieur,

Nous affirmons par serment le résultat suivant de cette expertise :

1° Un champ ensemencé en blé, de sable aride, pas labouré à la charrue, mais sur lequel la herse avait passé seulement une fois. Un sol tout à fait improductif a été ensemencé de grains préparés par M. Bickès et a rapporté sans engrais, d'après l'estimation d'aujourd'hui :

2° 30 à 36 grains par épis, et dont nous estimons le rendement à 3 malters par arpent, 15 à 16 hectolitres par hectare; ce sol n'a jamais été cultivé de froment, et moins encore, sans engrais, par aucun habitant de notre commune ou tout autre cultivateur.

3° Deux champs de pommes de terre, sans engrais et sans préparation, plantées par M. Bickès, d'un sol identiquement le même que celui de froment, ont rapporté en moyenne, 10 tiges et 20 tubercules sur un pied.

4° Un champ de seigle d'un sol de la même qualité que ci-dessus, produisait de beaux épis de 30 à 33 grains et le rendement en est de 5 malters par arpent ou 20 hectolitres par hectare.

Nous devons observer que le froment, le seigle et les pommes de terre ont été plantés beaucoup trop tard, et que, sans cela, le rendement en aurait été plus considérable encore.

Ce que nous certifions par ces présentes, par nos signatures; signé : Herser, conseiller communal; Kern, conseiller communal; Veil-Mumm, garde-champêtre; Eppsturs, adjoint au maire; Ernest, pharmacien bavarois était aussi présent à l'expertise, mais, obligé de partir, il ne put pas signer.

A M. le chevalier Causson, à Londres.

N° 21. Les ensemencements, quil a faits à la Porte-Louise donnent beaucoup de relief à son invention. Rimington est fort satisfait de ces semis; il est allé les voir plusieurs fois, et a dit à M. Jouvenel que M. Bickès était un grand homme et que s'il n'avait fait que cela, c'était déjà beaucoup.

M. Jouvenel s'est mis immédiatement à terminer la médaille de Bickès, et il ne s'occupe pour le moment que de cela.

Comment va M. Bickès? Ici on admire ses résultats.

Signé : baron NORMAN,
à Bruxelles.

Hoogstrasten.

Au dépôt de mendicité d'Hoogstraten, j'ai trouvé, à ma rentrée dans cet établissement, la lettre que vous m'avez fait l'honneur de m'écrire; j'ai pris connaissance, avec toute l'attention que l'objet réclame, des trois rapports que vous avez bien voulu me communiquer et qui se trouvaient joints à votre rapport.

Les résultats qu'ils indiquent, je les ai aussi remarqués par l'expérience que nous avons faite avec l'hectolitre d'avoine préparé par le procédé de M. Bickès.

Cette avoine semée, en votre présence le 3 mai dernier, ne laisse rien à désirer où la nature de la terre a été bruyère aride. (Suivant procès-verbal, elle n'a pas été engraissée depuis trois ans.) Cette avoine est aussi belle que celle avec engrais ordinaire sur la même pièce de terre, et qui devait servir de point da comparaison avec celle préparée par M. Bickès.

A présent que le procédé de M. Bickès est *apprécié*, on ne doit plus se borner à des expériences, mais bien l'employer en grand ; et si ce procédé ne peut pas encore appartenir au domaine public, dans l'intérêt de l'agriculture, M. Bickès devrait établir des dépôts où, à un prix raisonnable, fixé par hectolitre, les cultivateurs pourraient se procurer les différentes espèces de céréales préparées par son procédé et destinées à l'ensemencement des terres.

Par ce moyen, le service rendu à l'agriculture sera immense.

Signé : Bausard,
Directeur du dépôt de mendicité.

Grez-Doiceau (près Vavre).

Monsieur,

N° 23. — J'ai l'honneur de vous adresser les renseignements suivants sur les résultats de l'ensemencement fait dans mes terres. le 8 mai, pour faire apprécier les avantages de la culture sans engrais, procédé Bickès.

Je dois vous rappeler les termes du procès-verbal fait le 8 mai : La terre ensemencée d'orge, d'avoine et de lin, est tout au plus de deuxième classe (nous ne distinguons que trois classes en Belgique) : elle est argileuse et n'a pas reçu d'engrais depuis sept ans.

Peu confiant dans les résultats du procédé, *j'avais livré une terre que je ne pouvais plus cultiver sans une bonne fumure,* que je devais laisser en jachère jusqu'à l'automne, ne voulant pas m'exposer à perdre une partie de mes terres, actuellement productives.

La commune entière a été témoin des résultats de l'ensemencement de seigle et de froment fait en novembre 1844 *(dans ces terres).* La duchesse de Looz en était bien étonnée ; mais on ne croyait pas qu'il y aurait des graines. Vous nous avez donné un démenti bien formel et dont nous vous félicitons bien sincèrement.

Pour ce qui me concerne, voici les faits dans toute leur vérité. L'orge venue dans la terre indiquée plus haut et dont je vous envoie une gerbe belle de paille et d'une belle hauteur. La proportion des gerbes obtenues est de 58 pour 3 litres de semence préparée. *Le rendement en grains a été de 60 litres pour une chose inouïe dans nos contrées,* 160 hectolitres par hectare ! Le grain est fort, bien rempli et tout de première qualité.

Le lin nous a surpris plus encore : Jamais, malgré mes nombreux essais, je n'avais pu obtenir ce produit dans cette terre ; le lin venu par ce procédé ne laisse rien à désirer, et on en trouve peu de plus beau dans la commune.

Il a 3 pieds de hauteur en moyenne, les capsules sont fortes, bien chargées de graines, la file est très-fine et le rendement considérable.

Quant à l'avoine, qui se distinguait de la voisine *par les canons bien plus forts, les feuilles plus développées, une verdure plus fon-cée, des épis bien plus garnis,* le mauvais temps et les coups de vents terribles, qui ont passé dans cette direction, l'ont couchée ; mais les pluies nous manquent. Je ne doute pas qu'elle mûrisse bien.

Je vous envoie aussi du chanvre provenant de graines préparées. — *Votre chanvre a 9 pieds de haut, les tiges sont au moins quatre fois plus fortes* que les autres provenant de graine non préparée. *Les tiges de cette dernière n'ont pas 5 pieds de haut.*

Je vous envoie également du chanvre et du froment provenant de semences préparées, ensemencées en novembre, dans le jardin du château de Grez, *dans une fosse remplie de sable* d'un pied de pro-fondeur. *Il est impossible de voir de plus beaux produits. Nos meil-leures terres n'en donnent pas de supérieures. Tous les cultivateurs des environs, et moi en particulier, nous prenons la liberté de vous demander comment nous pourrons avoir des graines pour nos ense-mencements.* Nous connaissons trop vos bons sentiments pour *croire que vous ne vouliez pas mettre le pauvre cultivateur à même de jouir du bienfait de cette découverte, la seule véritable qui ait ja-mais été faite* pour l'agriculture, qui, vous le savez, ne paie pas notre dur travail et nos nombreuses privations.

Signé : J.-P. Jacqmot, fermier : A. Lacourt, J. Mathous, N. Masons, J.-J. Demain, G. Marieq, J.-J. Colson, A.-J. Latour.

Nous bourguemestre de la commune de Grez-Doiseau, certifions que les signatures ci-dessus apposées sont celles des sieurs J.-P. Jacquot, d'Alex. Lacour et d'André-Joseph Latour, cultivateurs, de-meurant audit lieu :

Grez-Doiseau, 26 août.

Signé : Rayée.

———

N° 24. — 12 *février* 1850. « Ce qui me détermine à vous faire cette commande, c'est que j'ai remarqué la végétation extraordinaire des acacias du boulevard Bonne-Nouvelle, que vous dites avoir fer-tilisés. Par humanité, vous devriez aller au secours de tous ceux qui bordent Paris.

Signé : Denis de Saint-Pierre, propriétaire.

———

N° 25. — 18 *février.* « Il est bien vrai que l'année dernière, j'ai fait l'essai, en Sologne, de l'engrais Bickès ; que j'ai récolté de l'orge et que j'ai fait semer du trèfle blanc, qui est parfaitement venu ; que l'automne dernier, j'ai fait semer du froment et de la vesce d'hiver ; que ces deux ensemencements ont également très bien réussi, et que mon gendre m'a écrit que, depuis la fonte des neiges, le froment était admirable et autant herbé que possible (c'est l'expression du pays).

» *Signé*, SELLIER, rue d'Alger. »

Agen (Lot-et-Garonne).

N° 26. — 19 *février*. « Il est bien vrai, monsieur, que des essais du système Bickès ont parfaitement réussi sur les pommes de terre, les haricots, etc., etc. »

11 *mars*. « M. Briand, propriétaire à Vieux-Vy, qui a employé de votre poudre dans la même pièce de terre concurremment avec des vidanges de latrines à forte dose, a constaté que votre système a surpassé l'autre en récolte.

» M. Bizon, notaire à Rimou, propriétaire et agronome très intelligent, en a employé dans une pièce de terre où le sarrasin a été parfaitement graîné ; auprès il avait semé du sarrasin et l'avait fortement fumé avec des cendres lessivées, le sarrazin préparé avec vos poudres était de beaucoup supérieur.

» *Signé*, FONTENILLES. »

A M. DIGARD.

N° 27. — 12 *mars*. « Les deux verges et demie de blé froment, fait avec l'engrais que tu m'as procuré, sont dans une terre située commune de Thiéville, près de la Lande ; la terre est ordinaire, le retour en partie de trèfle. Ce blé paraît aussi beau que celui que j'ai fait avec du fumier, même plus fourché.

» *Signé*, FUGOULT »

A M. DIGARD.

N° 28. — 15 *mars*. « J'ai suivi votre conseil, j'ai essayé de engrais Bickès, et je me fais un plaisir de vous témoigner la satisfaction que j'en éprouve ; vous en jugerez vous-même. Dans le mois de novembre, j'ai fait du blé dans les pièces labourées et engraissées suivant l'ancien usage ; dans le mois de janvier j'en ai fait en me servant de l'engrais Bickès. Aujourd'hui le dernier a une aussi belle apparence que le premier, quoiqu'il soit dans un terrain bien inférieur.

» Je ne suis pas le seul à éprouver cette satisfaction, car Baptiste Moulin, fermier à Frotemanville, m'a fait les plus grands éloges de cet engrais ; le froment qu'il a fait avec, quoique ensemencé longtemps après celui qu'il a fait comme d'usage, et dans un terrain inférieur et moins bien préparé, promet aussi bien que le premier fait.

» *Signé*, LEMAIRE. »

Tourlaville (Manche).

N° 29. — *6 avril.* « L'hiver s'est prolongé plus que de coutume cette année dans notre département, ce qui a beaucoup retardé la comparaison qu'on peut voir aujourd'hui et qui, je le proclame très haut, est entièrement à l'avantage de votre système ; vous allez en juger : le 23 décembre j'ai semé un demi-hectolitre de froment dans 43 ares de terre argileuse, plutôt légère que forte, plutôt ordinaire pour froment que de bonne qualité ; c'est la troisième fois que je fais du froment dans cette pièce depuis cinq ans, et sans la confiance que j'ai eu dans la bonté de votre engrais, je n'aurais pas osé y ensemencer. Eh bien ! monsieur, j'ai invité six à sept cultivateurs, mes voisins, à venir le voir ; ils ont déclaré que c'était le plus beau froment qu'ils eussent jamais vu, et plusieurs ont dit que s'ils craignaient quelque chose, c'est qu'il ne fût trop épais, tant il est talé. Nous avons compté les tiges et nous en avons trouvé depuis quatorze, quinze, dix-huit, jusqu'à vingt-deux. Les feuilles étaient grasses, larges et d'un vert très foncé, tandis que celui qui était dans une autre partie de la pièce et fait dans les conditions habituelles de notre contrée et semé dans le même temps, ne comptait que trois à quatre tiges maigres, jaunes, chétives ; en un mot, il était semblable à celui de mes voisins que nous sommes allés voir ensemble.

» J'ai semé aussi un peu d'avoine qui promet très bien ; mes voisins y ont aussi reconnu une vigueur extraordinaire, et plusieurs m'ont dit qu'en raison de la rigueur du temps que nous avons eu, et de la natnre de la terre, elle ne fût pas levée sans la vigueur de votre engrais.

» J'ai aussi semé deux hectares de luzerne dans une pièce très maigre et envahie par la mousse et dans laquelle il y en avait eu qui avait été détruite en grande partie par les pluies surabondantes que nous avons eues dans l'hiver de 1847 à 1848. Je ne l'ai point labourée, je l'ai seulement hersée trois fois. La luzerne était très bien levée, et, si elle réussit comme elle promet, ce sera phénoménal et l'exemple le plus concluant en faveur de la bonté de votre procédé.

» Dimanche dernier, je suis allé voir les choux hâtifs plantés par M. Félix Lemoigne ; ils sont beaucoup plus beaux que ceux plantés le même jour et dans le même sol, avec force fumier de cheval et varech. En revenant, je joignis M. Duprey, président de notre société horticole et professeur très instruit ; je l'engageai à venir voir les choux que le sieur Bourgeois a aussi plantés par votre système. Il reconnut avec moi qu'ils étaient beaucoup plus beaux, la feuille plus vert foncé, plus grosse, plus ronde que ceux plantés le même jour avec varech et fumier.

» M. André m'a dit que son froment était plus beau que celui bien fumé.

» Je vous envoie ci-inclus deux certificats de personnes qui ont essayé votre engrais pour le froment.

» *Signé*, DIGARD. »

Douai (Nord).

N° 30. — *7 avril.* « Le temps est rare chez nous pour la saison, et les blés semés en octobre dernier par votre procédé sont d'une végétation superbe, même étonnante. Il y a au moins dix, douze et même vingt tiges par plante.

» *Signé,* Leblanc. »

Sainte-Croix-lès-le-Mans (Sarthe).

N° 31. — *20 avril.* « M. Renou, propriétaire et aubergiste à la Belle-Inutile-en-Saint-Mars-la-Brière, près le Mans, m'a dit hier soir, en prenant un paquet pour pommes de terre, que l'avoine qu'il avait ensemencée avec préparation de vos poudres, avait déjà devancé celle qu'il avait semée un mois avant avec des fumiers ordinaires et dans de meilleurs terrains ; que sa vesce était aussi bien belle. Avec la rinçure du vase dans lequel il avait fait la préparation, il trempa des pois, et ils étaient déjà longs tandis que ceux sans préparation commençaient à peine à lever.

» Je me plais à joindre une feuille prise dans du blé fait dans mon jardin et dans du sable extrait du puits, provenant des sources vives qui alimentent ce puits. Ce sable ne peut être plus maigre. J'étais jeudi à me promener dans les meilleures terres du Mans et je n'ai pu voir de plus beau blé, et encore je dirais d'aussi beau, je ne me tromperais pas. Le sable sur lequel est ce blé se trouve élevé au-dessus du sol a environ trente centimètres et placé dans une allée de mon jardin.

» *Signé,* Fleury. »

Céton (Orne.)

N° 32. — *mai.* « Je vais donner des détails du blé préparé avec votre engrais, et qui est d'une végétation extraordinaire, chez M. Carlier Sauttin, près Valenciennes, M. Gaultier, à Jenvilon, près Arras ; M. Dufontaine à Aix, près Orchis ; chez M. Bocquet, propriétaire fabricant de sucre, à Corbéhem, près Douai. Ce dernier est celui qui vous avait promis d'en prendre 10,000 hectares au printemps, mais il veut attendre la récolte. Il a deux hectares de blé, préparé avec votre engrais, sans autre fumure que la vôtre ; il en a à côté fumé avec l'engrais ordinaire et fumé fortement. Dernièrement il a encore fait semer des tourteaux sur ce même blé ; malgré tous ses efforts, le blé préparé avec votre engrais le dépasse de beaucoup, et pourtant il n'a mis dans le blé préparé par votre procédé qu'un hectolire de semence par hectare, tandis que dans celui fumé avec son engrais, il y a deux hectolitres, moitié plus de semence. Voici des faits exacts que j'ai vu moi-même dimanche dernier chez M. Leblanc.

» *Signé,* Lebray. »

Aix (Bouches-du-Rhône).

N° 33. — 11 *mai*. « J'ose vous dire que vous avez eu tort de ne pas en avoir (de poudre) ; bien des propriétaires de mes amis en auraient essayé, émerveillés qu'ils sont de mes blés, pois et fèves.

» *Signé,* Henry BARLES. »

———

La Souterraine (Creuse).

N° 34. — 12 *mai*. Les choux que j'ai plantés et dont les racines avaient été trempées dans la lotion que j'ai préparée, ont fait merveille ; bien des curieux sont venus les voir. Ils ont, en huit jours de temps, malgré deux fortes gelées qui les avaient endommagés, poussé quatre feuilles, dont quelques-unes ont plus de deux pouces et demi. »

» *Signé,* DUFAURE DE MONTMIRAIL. »

———

Sainte-Gemme (Indre).

N° 35. — 14 *mai* 1850. « Les grains préparés par votre système s'annoncent très bien, m'a-t-on dit : le terrain était mal préparé ; un mauvais labour avait à peine déchiré le gazon ; et, malgré toutes ces défections, le froment de mars dépasse en beauté celui que j'ai fait semer dans un terrain fumé, de première qualité. J'espère que ces belles apparences donneront un bon résultat. »

14 *mai*. « J'ai ensemencé le 15 novembre du blé, qui a aujourd'hui de 20 à 25 tiges par plante, et est d'un avenir extraordinaire, et je n'ai mis que la moitié de la semence ordinaire, etc.

» J'ai semé du blé de printemps, le 17 mars, qui a aujourd'hui de 15 à 25 tiges sur chaque plante, terre de première classe.

» Chez M. Tafforau, sur une terre de quatrième classe, on voit jusqu'à 25 tiges sur la même plante.

» Chez Mme Mathias, de l'avoine d'hiver, semée le 15 novembre, les deux tiers ayant été gelés, il reste un tiers qui fournit jusqu'à 25, 30 et 35 tiges et cela sur une mauvaise terre de sable, quatrième classe. L'avenir qu'elle présente donne à espérer qu'elle sera assez ensemencée.

» CHAMBILLE, curé. »

———

Niderviller (Meurthe).

N° 36. — 1er *juin*. « J'ai pu me convaincre de la supériorité de vos poudres sur les engrais ordinaires, en visitant un champ de blé, que j'ai trouvé très vigoureux et qu'on m'a dit avoir été semé avec de la semence inprégnée de votre poudre végétative, appartenant à Madame veuve Moutier. Dans ce que j'ai pu voir, j'ai pu remarquer une grande supériorité dans la végétation. Enfin, j'étais tellement enchanté de ce moyen que je regrettais de ne plus pouvoir l'employer que pour l'année prochaine, ou sur la fin de cette année.

Signé, OROB.

Sainte-Croix-lès-le-Mans (Sarthe).

N° 37. — *7 juin.* « M. Cornu, sous-agent à Beaumont, sort d'ici ; il m'a dit que tous les blés préparés étaient supérieurs à ceux qui avaient été fumés. Quant aux expériences que j'ai faites moi-même, elles sont toujours belles. L'orge dont je vous ai parlé dans ma dernière lettre, faite fin avril, avait alors dix tiges ; il y a des plantes qui en ont maintenant jusqu'à 25. Le blé, dans le plus mauvais sable, conserve toujours sa supériorité sur celui ensemencé dans la meilleure terre et fumé.

Signé, Fleury.

La Souterraine (Creuse).

N° 38. — *10 juin.* « Je suis trop heureux, monsieur, que ce dont j'ai à vous rendre compte, soit plus satisfaisant encore que ce que je vous avais annoncé, et que mes petites expériences aient dépassé l'espoir que j'avais fondé sur votre système de culture. J'ai semé sur un terrain de troisième classe, négligé et ne recevant pour ainsi dire aucune espèce d'engrais depuis longues années, trois planches de pois dont une seulement, la première, a été préparée suivant votre système. Tous ces pois, les uns comme les autres, ont levé en même temps. Pendant les huit ou dix premiers jours, la planche préparée présentait plus de vigueur, la feuille était plus large, la tige plus forte et d'un plus beau vert. Aujourd'hui ils sont aussi beaux et de la plus belle venue, et ils profitent à vue d'œil.

» *Nous voilà aujourd'hui fixés sur l'effet de l'attraction ; et pour savoir jusqu'à quel point cette attraction avait lieu, j'ai semé le même jour, à trente mètres de distance des premiers, une autre planche de pois de la même espèce, même nature de terrain.*

• *Ces pois font mal à voir, leurs tiges, qui ont atteint la hauteur de huit pouces au plus,* sont grosses comme des fils, la feuille est d'un vert jaunâtre. A un mètre de distance de ces misérables pois, j'en ai semé, toujours de la même espèce, mais un mois après, une autre planche que j'ai préparée. Nés depuis quinze jours, ils sont aussi hauts que leurs voisins et d'un vert noir. Bien des gens, dont quelques-uns m'ont vu faire mes semailles, trouvent cela prodigieux et moi aussi. Ces derniers pois promettent plus, je crois, que les premiers.

» Les haricots et les maïs, dont je vous ai déjà parlé, préparés avec la poudre, sont magnifiques : les maïs surtout semés dans les touffes de haricots, suivent jusqu'à présent les progrès de ces derniers.

» Signé, Dufaure de Montmirail. »

Agen (Lot-et-Garonne).

N° 39. — *12 juin.* « Après-demain je serai chez M. Amblard, qui est très satisfait, car il a *eu la visite de dix personnes* de notre pays, qui sont allées constater les effets qu'ils ont traités de merveilleux, *eux qui ne voulaient pas y croire, car ce sont des docteurs et des académiciens qui ont vu et touché.*

» *M. Cartain du Chicot, habitant de Nérac* (Lot-et-Garonne), *homme sérieux, agriculteur plus sérieux encore, m'a fait l'honneur de venir me voir pour me dire des choses qui paraissent incroyables de votre système et que vos détracteurs ont été forcés de constater.* Voici le fait : il a préparé un hectolitre de blé par votre procédé, ce blé devait être semé sur un hectare de *mauvaise terre. La personne qui avait ordre de semer clair, le fit en effet, puisqu'il resta un quart d'hectolitre. M. Cartain craignit d'avoir mal opéré;* néanmoins il attendit et surveilla. Les germes sortirent vert foncé, au lieu d'être jaunes comme à l'ordinaire ; mais *si clair semés que le champ en était effrayant.* Au mois d'avril dernier, ce *champ de blé changea d'aspect; chaque pied présentait vingt-cinq, trente et trente-cinq tiges.* Aujourd'hui le blé a atteint un mètre quarante centimètres de haut ; les épis ont, en général, *de dix à douze centimètres de haut. C'est une vérité que cinquante personnes notables de notre département peuvent constater au besoin.*

» Le quart d'hectolitre préparé et de reste, M. Cartain l'a fait semer sur une bonne terre bien préparée et fumée ; il m'a dit que le blé était tellement beau qu'il me fit cette comparaison : *On dirait des petits roseaux!* M. Cartain m'a promis de m'écrire sous peu de jours et lors du rendement.

» Signé, FONTENILLES. »

———

La Souterraine (Creuse).

N° 40. — *18 juin.* « D'après l'expérience que j'ai faite sur un champ d'avoine, dont moitié a été bien fumée et l'autre préparée par votre procédé, je n'ai qu'à me louer du résultat jusqu'à ce jour, quoique la semence préparée ait été préparée dans la partie la plus mauvaise du terrain. Malgré cela, l'avoine est bien plus belle et plus verte que la première, qui a été bien soignée avec de la fiente. Ce succès m'encouragera à l'avenir à m'adresser à votre système.

» Signé, CHANTEAUD, propriétaire. »

———

Paris, rue Bellefond, 9.

N° 41. — *19 juin.* « M. Menard, meunier à Beyne, près Nauphle-le-Château (Seine-et-Oise), nous a déclaré avoir fait du blé avec la *culture sans engrais,* avoir mis de la semence selon l'instruction (100 litres par hectare). Sa récolte est aussi belle que celle des ensemencements faits avec le mode ordinaire (avec 250 litres de semence). Il est très surpris de ce résultat, parce que cette pièce de terre avait produit, l'an dernier, des betteraves qui, ordinairement, absorbent l'engrais qui reste dans la terre.

» Signé, MICHAULT. »

———

Agen (Lot-et-Garonne).

N° 42. — *26 juin.* « Ayant voulu m'assurer par moi-même de l'effet de votre système, je suis allé à quatre lieues d'Agen, visiter les propriétés de M. Cartain du Chicot.

» Avec un hectolitre de blé, **M. Cartain** a ensemencé cent cinquante ares de terre, environ cent dix ares de mauvaise qualité. Malgré cela, il *espère récolter quarante pour un.* Les principaux agriculteurs de cette contrée sont tous allés le voir, et constateront au besoin cette grande vérité. Les quarante ares ensemencés avec le reste de l'hectolitre préparé, se trouvent être dans une très bonne terre; ce blé est si beau que je ne trouve pas d'expression pour vous rendre ce qui est véritable.

» Signé : Fontenilles. »

Céton (Orne), au rédacteur du Siècle.

N° 43. — 28 *juin.* « Comme maire de la commune de Céton, je me fais un devoir de faire connaitre aux agriculteurs les résultats avantageux de l'engrais Bickès, reconnu aujourd'hui par sa forte végétation. M. Lebray m'a invité à aller visiter les cultivateurs chez lesquels des essais ont été faits en l'automne et au printemps derniers. Tous les ensemencements préparés avec la poudre Bickès, quoique la semence n'ait été que de moitié de la quantité habituellement employée, jouissent aujourd'hui d'une végétation extraordinaire. Les blés, orges et avoines promettent, par leur belle venue, une récolte doublée en poids. Nul doute que le rendement en grains ne vienne bientôt confirmer nos calculs. Les feuilles sont un tiers plus larges et sont aussi plus vertes que celles des plus beaux blés, les épis de 12 à 16 cent., ont 12 à 14 étages, et les tiges sont comme des petits roseaux. Leur hauteur atteint aujourd'hui 1 mètre 66 centimètres, elles grandissent encore ; tout fait espérer qu'il n'y aura pas de petits grains. Les pommes de terre préparées ont de 10 à 12 tiges, fortes et vertes, tandis qu'à côté, d'autres non préparées n'ont que de 3 à 6 tiges, et bien moins fortes que celles sans préparation.

» Voici des faits exacts que je vous prie, M. le rédacteur, d'insérer dans votre plus prochain numéro, pour faire connaitre aux agriculteurs que l'engrais Bickès a une grande qualité, et que, s'ils ont été trompés par d'autres, ils seront récompensés par ce merveilleux procédé.

» Recevez, etc.

» Signé : Courtois, »
Maire.

Caen, le 28 juin, après une inspection aux environs de Lisieux.

« Succès obtenu depuis trois semaines par le curé d'Aubigny, membre de sociétés savantes, dans l'emploi des poudres de **M. Bickès.**

» 1° Sur un melon cantaloup j'ai versé quatre centilitres de la composition mise en liquide. C'était le 8 juin dernier. Le plant était un peu triste le jour suivant, le second jour il était vigoureux. Maintenant la plante est d'une luxuriante venue ; les bras, de trente et quelques centimètres d'étendue, avaient un pouce de grosseur.

» 2° Des graines de melon ont été arrangées selon la prescription de M. Bickès... *Les plantes, quinze jours après, étaient deux fois plus fortes que celles qui n'avaient point eu de préparation.*

» 3° Sur de grosses fèves, les pieds qui ont reçu la préparation ont 6 à 8 centimètres de hauteur de plus que les autres.

» Je donnerai bientôt d'autres détails plus précis.

» *Signé :* Noget, curé,

» **Membre de la Société d'agriculture de Caen et de plusieurs autres Sociétés, médaillé du gouvernement.** »

Belle-Isle-en-Terre (Côtes-du-Nord).

N° 45. — 1er *juillet.* « Je vous apprends avec la plus grande satisfaction que je n'ai que des louanges à vous faire sur mon essai. Toute ma récolte est admirable, et votre engrais, à mon idée, s'il n'est pas falsifié, sera la richesse de la Bretagne. Je me charge de le faire connaître dans quelques jours, en donnant connaissance des magnifiques résultats que j'ai obtenus, en l'employant même dans les conditions les plus défavorables sous tous les rapports.

Signé : de Saint-Paer.

Paris, rue Bellefond, 9.

N° 46. — 1er *juillet.* « M. Coterre, meunier, à Nauphle-le-Vieux (Seine-et-Oise), nous a fait voir une pièce de blé fait avec le procédé Bickès ; nous avons trouvé *jusqu'à* 19 *tuyaux* produits par un seul grain.

» Cette récolte est dans une terre argileuse brûlante, récolte de 1848, blé ; en 1849, avoine ; et en 1850, blé, le tout sans aucun fumier ; seulement par le procédé de la *culture sans engrais.*

» La deuxième pièce, dans une terre pareille, si ce n'est que la terre était à peine suffisante pour couvrir les pierres, présentait des résultats aussi beaux que la première, avec une semence d'environ 130 litres par hectare.

» *Signé :* Michault. »

Ci-joint deux certificats :

N° 47. — M. Belhomme, commune de Nauphle-le-Vieux, déclare qu'il a ensemencé de l'avoine dans la plus mauvaise de ses terres ; dans celle qui a été ensemencée par le procédé Bickès, elle est beaucoup plus verte et très remarquable au coup d'œil, et il déclare également que, dans la terre où est celle de M. Bickès, il n'y avait pas eu de fumier avec les seigles qui y étaient avant, au lieu que dans celle qu'il y avait à côté, le seigle qui y était avant avait été fumé.

» Dans le blé qui est à côté, il ne s'attendait pas à pareils résultats. Il a été étonné de les voir aussi beaux. Il y a un mois et demi, il ne croyait pas qu'il y eût épis.

» *Signé :* Belhomme. »

Nº 48. — 10 *juillet.* « Je soussigné Constant-Jules de Villepoix, propriétaire-cultivateur et maire de la commune d'Avesne, canton d'Envermeu, arrondissement de Dieppe (Seine-Inférieure), y demeurant, déclare et affirme, pour rendre hommage à la vérité, que j'ai reconnu, dans l'emploi fait par moi, sur plusieurs espèces de grains, des poudres de M. Bickès, une puissance extraordinaire de végétation ; toutes les espèces préparées chez moi et chez tous ceux qui ont fait l'essai, sont bien belles, plus avancées et d'un vert plus foncé. Sur une pièce de terre de la plus mauvaise espèce, non fumée depuis douze ans; j'ai du blé de mars, de l'orge et de l'avoine magnifiques ; les tiges sont plus nombreuses, plus raides, les épis très beaux, quoique j'aie mis trop de semence. Mes essais sur radis rouges, choux, salsifis, betteraves, pommes de terre, m'ont fait éprouver le plus grand plaisir. J'ai vu chez M. Motet, directeur départemental à Envermeu, deux caisses remplies de même terre ensemencée à la même minute, de giroflées, pieds d'alouettes, balsamines, passe-roses ; la différence, en faveur des graines préparées, garnissant une des deux caisses, est telle, que l'on serait porté à croire que les espèces ne sont pas les mêmes.

« Les trèfles et minettes, ray-gras et sainfoin ont beaucoup de vigueur.

« J'ai l'intime conviction que pour bien réussir, il faut mettre moitié moins de semence pour le blé, seigle, avoine, orge, sainfoin, trèfle, luzerne, ray-gras, betteraves, carottes, navets et pommes de terre. »

Signé : DE VILLEPOIX,
Maire.

Pesmes (Haute-Saône).

Nº 49. — 20 *juillet.* « Je viens de visiter les haricots noirs, plantés le 3 juin dernier, dans mon jardin, avec votre préparation, et j'ai remarqué qu'ils avaient, pour le moment, de 25 à 30 cosses par plante; mais, à l'époque de leur maturité, j'en compterai le nombre et vous en ferai part, après avoir comparé ce nombre à celui d'autres haricots de même espèce, plantés chez mes voisins, dans de bons terrains fumés, mais sans préparation. Mon jardinier est étonné que les petites raves, semées le 14 juin, avec préparation dans le même jardin, aient aussi bien réussi, car il sait que mon terrain, quoique fort bon pour les arbres et les gros plans de jardinage, n'est pas propre pour y mettre des semis. »

Signé : CHAUVENET.

Lassay (Mayence).

Nº 50. — 22 *juillet.* « Les ensemencements de sarrasins sont magnifiques. Jusqu'ici la végétation est luxuriante.

Signé : GOYER.

Doulevant (Haute-Marne).

N° 51. — 30 juillet. « Je ne puis en ce moment vous adresser que des spécimens de sarrasin, pris un dans mon champ et l'autre dans celui de M. Chauvet, mon cultivateur, à Doulevant. Ces deux champs, le mien surtout, qui a produit le pied le plus élevé, sont de la plus mauvaise qualité. Les ensemencements ont été faits au commencement de juin ; il s'est passé trois semaines sans pluie, à partir de l'ensemencement ; nous n'avons mis que moitié de semence ; je n'ai pas mis de fumier dans mon champ. Je ne sache pas que M. Chauvet en ait mis dans le sien. Nos sarrazins sont assez serrés, et je puis vous dire que jamais on n'en a vu de plus beau dans ces terres, lorsqu'elles étaient bien fumées. Je dois donc penser que, quand les grains sont bien préparés, vos poudres produisent d'excellents résultats.

Signé : ROLLET, propriétaire.

Mouzon (Ardennes).

N° 52. — 1er août. « J'ai obtenu qu'on fît ici des essais pour avoine, orge, chanvre, pommes de terre, melons, herbacées, etc. ; les résultats se présentent bien. M. Parisse Navarre, de Munzon, a des feuilles de vignes de 28 centimètres de diamètre ; un melon qui pèse bien 10 livres, à côté de ceux dont la semence n'a pas été préparée et qui ne pèsent que 3 livres.

Signé : JÉROME.

Raches (Nord).

N °53. — 3 août. « Je déclare avoir employé le procédé de M. Bickès pour amender une prairie d'environ vingt-cinq hectares : l'herbe était magnifique, beaucoup plus verte et beaucoup plus vigoureuse que celle des prairies environnantes ; la hauteur de l'herbe était de quatre-vingt-cinq centimètres à un mètre, et je certifie n'avoir jamais eu d'aussi belle récolte en foin et aussi abondante, car elle était triple de celle des autres années.

» J'ai planté par le même procédé des oignons et des haricots qui sont bien venus.

» Je dois aussi à la justice de dire que j'ai semé des betteraves avec le même engrais ; elles ont bien levé, mais elles ont été dévorées par un insecte nommé vermiceau ; celles qui ont résisté sont d'une riche végétation et sont superbes. En foi de quoi, je délivre la présente attestation à M. Bickès, pour en faire l'usage qui lui conviendra, et affirme avoir dit l'exacte vérité.

» Fait à Raches, le 4 août.

» Signé : DELPLANQUE,
« Cultivateur et membre du conseil municipal.

» Vu pour la légalisation de la signature de M. Delplanque (Benoit), cultivateur et membre du conseil municipal à Raches.

» Raches, le 5 août 1850.

» Le maire,
» Signé : DENYSSE. »

La Petite-Forest-de-Raimes, près Valenciennes (Nord).

N° 54. — *6 août.* « Je n'ai reçu votre lettre du 2 août que le 4. J'ai déjà une lettre de M. Leblanc aîné, de Douai, me demandant des renseignements sur les résultats du procédé Bickès ; je n'ai pu lui répondre, l'avoine que j'avais semé avec ce procédé était retardée. Depuis les pluies elle a pris la vigueur qu'elle aurait eue depuis longtemps sans la grande sécheresse. L'engrais Bickès a donc remplacé le fumier que j'aurais pu mettre sur cette terre. Je ne puis vous donner ce que me demande votre lettre, n'ayant point mis cette année de blé avec ce procédé. Si les renseignements qui précèdent peuvent vous aider, j'en serais très satisfait, *les trouvant pour ma part d'une grande ressource pour les cultivateurs.*

» Séguin-Duhot. »

Charleville (Ardennes).

N° 55. — *9 août.* « Dans une terre légère, appelée dans le pays terre folle, et dans laquelle il avait été semé l'année dernière de l'avoine et du trèfle, l'avoine étant bien venue et le trèfle pas du tout ; j'ai fait semer de l'avoine et du trèfle cette année ; l'avoine avait bien levé, mais une quinzaine de jours après on n'en voyait plus ; je m'informai auprès du propriétaire de cette terre, d'où pouvait provenir cette disparition de mon avoine, il me dit : « *Je mets ordi-* » *nairement* 320 *litres de semence, parce que la vermine en dévore* » *tous les ans au moins les deux tiers, tandis que vous, vous n'y* » *avez mis que* 60 *litres.* » Je lui fis reproche de ne pas m'avoir informé de cela à l'avance, et la terre étant recouverte de mauvaises herbes, je considérais mon essai comme manqué et je ne m'en occupais plus quand, il y a quelques jours, on est venu me demander combien je voudrais vendre ma récolte. Je pris d'abord cette demande pour une plaisanterie, mais la personne insistant, je me rendis sur les lieux, et je fus bien étonné de voir une avoine superbe quoique clairsemée ; il y a jusqu'à douze et quatorze brins de *iroche* et la paille d'une force étonnante avec des épis de toute beauté. Mais ce qui m'a étonné encore plus, c'est que le trèfle est admirable, il a au moins un pied de hauteur et commence à fleurir, ce que je n'avais jamais vu la première année.

» Dehu van Guelwe. »

N° 56. — M. Lafontaine, directeur de la sucrerie de Charleville, cultive beaucoup de betteraves tous les ans, il met dans ces terres une grande quantité de fumier ; cette année la sécheresse a tellement contrarié sa culture, qu'il a été obligé de semer plusieurs fois et, en fin de compte, trois de ses terres ont été retournées faute de produit. Mais dans une mauvaise terre placée sur une roche, il en a semé sans fumier, d'après votre système, et avant-hier il me disait que les betteraves y étaient aussi belles que dans les autres bonnes terres qui n'ont pas été retournées.

Un autre propriétaire à qui j'avais vendu de la poudre, et qui se livrait par derrière à toutes sortes d'invectives, disait partout qu'il avait été trompé et qu'il n'avait rien dans sa terre. Cette terre est un sable mouvant et acide ; pour profiter davantage, il avait ensemencé le double de terrain que ne comportait la quantité de semence préparée, et entre deux parties de terres ensemencées d'après votre système, il en avait ensemencé une autre sans préparation, afin que, suivant ce qui est dit au prospectus, cette dernière puisse profiter des deux autres. Cependant, sa semence, avant d'être hersée, avait reçu de la pluie. Il a dû plus tard faire labourer la partie sans préparation, et annonçait partout qu'il avait dû faire labourer le tout ; mais dernièrement il se disposait à partir pour sa terre, qui est à une lieue et demie de Charleville ; je l'entendis dire à sa femme qu'il avait bien six cents quartets d'avoine. Une heure après son départ, je fis monter mon fils à cheval pour l'y aller trouver et voir lui-même ce qu'il en était. Mon fils a reconnu une très belle avoine, ayant plus d'un mètre de haut, d'un beau vert et très bien grainée. il m'a rapporté une touffe de onze brins. L'individu voyant arriver mon fils est reparti subitement.

M. Heinen, fort cultivateur à Charleville, a une mauvaise terre de soixante-dix verges, qui lui est louée 8 fr. par an ; elle a été ensemencée sur une forte partie en avoine préparée avec votre système, et l'autre sans préparation. La partie préparée est de toute beauté et l'autre est basse et chétive. Il m'a promis de me prendre beaucoup de poudre pour l'automne prochain.

J'oubliais de vous dire que votre poudre a produit un effet extraordinaire sur mes vignes ; elles sont chargées de raisins et il y en a dont les feuilles sont aussi larges que des assiettes.

Les pommes de terre ont partout plus belle apparence que celles non préparées.

Doulevant-le-Château (Haute-Marne).

N° 57. — 9 *août*. « Les soussignés, tous demeurant à Doulevant-le-Château, invités par M. Rollet, demeurant au même lieu, chargé de la direction du gouvernement de la Haute-Marne, et représenté dans chaque canton pour le placement des poudres-engrais de M. Bickès, ont constaté les résultats suivants :

» Une pièce de terre de la plus mauvaise qualité, du territoire de Doulevant, couverte presque entièrement de cailloux calcaires, a été, sans autre fumure, ensemencée en blé sarrasin préparé avec l'engrais Bickès, vers le 10 juin, par la sécheresse et la terre étant assez mal en état. Cette céréale y a pris un développement qu'on ne voit pas dans le pays, même dans les meilleures conditions. — Le 3 août, jour de la visite, ce sarrasin, dont le pied, qui est d'une grosseur extraordinaire, a atteint la taille de quatre-vingts à quatre-vingt-dix centimètres, la plupart des tiges réunissent de cinq à douze branches latérales outre la tige principale, et l'on compte depuis quarante jusqu'à cent-vingt bouquets de fleurs bien plus gros qu'à l'ordinaire, sur le même pied.

» Les sarrasins voisins, au contraire, fumés avec le fumier ordinaire, ne sont que d'une apparence assez médiocre et n'ont généralement qu'une seule tige et quelquefois seulement deux ou trois faibles branches latérales, qui ne portent que douze à vingt bouquets de fleurs bien plus petites et sur les plus beaux pieds.

» Dans les champs de meilleure qualité et fumés abondamment par le fumier ordinaire, nous avons remarqué des sarrasins de très belle apparence, mais dont les plus belles tiges ne portent que quatre à cinq branches latérales et vingt à quarante bouquets de fleurs au plus, d'une dimension bien moins forte.

» Plusieurs autres terrains également ensemencés en sarrasin et préparés par le système de M. Bickès, qui consiste en une sorte de chaulage et sans fumier, ont produit des résultats analogues et annoncent tous une récolte de beaucoup supérieure à celle des autres.

» Nous avons remarqué aussi de la navette dont la semence a été trempée dans la préparation, et dont les feuilles ont atteint un développement tel, qu'il est difficile d'y reconnaître la navette (feuilles rondes).

» Nous savons tous, et deux d'entre nous l'ont vu, qu'une terre à chanvre ensemencée en chanvre, préparée avec la poudre-engrais de M. Bickès, a donné également de très beaux résultats; le chanvre, bien que semé également très tard et par la sécheresse, sur un terrain mal en état, a atteint généralement la taille d'un mètre quatre-vingts centimètres; à deux mètres vingt centimètres, il est d'une force extraordinaire; et les tiges, qui promettent une immense récolte, sont d'un diamètre que n'atteignent pas les plus beaux chanvres. La vigueur et la couleur vert foncé de ce chanvre prouvent qu'il n'a pas encore atteint son complet développement; le chanvre voisin, fumé avec le fumier ordinaire et semé dans de bonnes conditions, a à peine atteint la taille d'un mètre à un mètre vingt centimètres.

» Nous pensons donc que l'engrais Bickès, qui ne nécessite aucun frais de transport, qui coûte seulement 20 fr. par hectare, et au moyen duquel il n'est employé que moitié de la semence ordinaire, doit rendre d'immenses services à l'agriculture, qui manque généralement d'engrais; ce système permettra de couvrir de fumier les prairies artificielles pour les garantir de la gelée et les faire produire davantage, comme aussi de fumer plus abondamment certaine quantité de terre d'un accès facile.

» Cet engrais pourrait, par exemple, être employé avec grand avantage pour les ensemencements dans les terres élevées, éloignées des centres de population, où il est toujours long et fort difficile de conduire des fumiers ordinaires.

» Il serait utile, pour les cultivateurs qui ne sont pas convaincus de l'efficacité de l'emploi du système Bickès, de multiplier les essais, surtout sur les céréales, le blé principalement.

» *Signé* : PENOT, DUMAY, FUSSIN,

» Tous trois membres du comité agricole.

» PINCHOT, DROUILLARD,

» Tous deux propriétaires. »

Nº 58. — *Août.* « On lit, dans le numéro 20 du *Bulletin des actes administratifs du département de la Haute-Marne*, un long article par lequel M. le préfet invite MM. les maires à donner la plus grande publicité à la découverte de M. Bickès, à la propager de tout leur pouvoir auprès de leurs administrés, et engage les cultivateurs à faire des expériences dans l'intérêt de l'Agriculture. »

Mont-de-Marsan (Landes).

Nº 59. — *10 août.* « Il y a quelque temps que j'ai lu dans un journal un article où il était question de la découverte que vous veniez de faire d'un procédé au moyen duquel on peut se passer d'engrais pour la culture des terres. Je dois vous avouer qu'au premier abord j'eus peu de foi dans ce que je venais de lire, et le résultat que vous promettez de l'emploi de votre procédé me parut au moins douteux ; toutefois, comme je pouvais faire une expérience qui ne me serait pas très coûteuse, je me décidai à me procurer de vos poudres pour la préparation du maïs, nécessaire pour l'ensemencement d'un demi-hectare.

» Mon essai a très bien réussi ; j'ai employé la semence préparée d'après votre procédé, sur deux terrains différents et éloignés l'un de l'autre de plus de trois kilomètres, et sur l'un comme sur l'autre la récolte s'annonce parfaitement. Il est vrai de dire, pourtant, que le maïs est beaucoup plus beau et surtout plus gros sur un point que sur l'autre, et même sur le premier chaque tige porte deux et même jusqu'à trois épis, tandis que l'on n'en remarque qu'un généralement sur chaque pied de l'autre endroit. Or, il est à remarquer que cette année le maïs a généralement assez mal réussi dans les contrées où j'ai fait mes expériences, en sorte que si, comme j'ai lieu de l'espérer, le maïs que j'ai semé parvient à une bonne maturité, je ne puis plus conserver aucun doute sur l'efficacité du procédé dont vous êtes l'inventeur.

» A. Lapierre,

» Inspecteur départemental des enfants trouvés. »

Saint-Germain-d'Hectot (Calvados).

Nº 60. — *12 août.* « Ayant été prévenu par le directeur, M. Roblin, que, par suite d'une erreur, la société d'agriculture du Calvados n'avait chaulé la graine de sarrasin qu'à raison de 13 francs par hectare, au lieu de 20 francs, nous avons eu soin de chauler à raison de 13 centimes par perche, et nous avons obtenu un plus beau résultat qu'avec les engrais ordinaires, dont la valeur et les frais sont beaucoup plus élevés.

» La hauteur de mon sarrasin est de près de trois pieds et la grosseur est proportionnée.

» *Signé :* Tillard. »

Aix (Bouches-du-Rhône).

N° 61. — « En juin dernier, j'étais tellement satisfait de la beauté de mes blés, ensemencés au système Bickès, que je crus devoir, dans l'intérêt de l'agriculture, faire connaître à des agronomes distingués tout ce qu'on pouvait attendre de ce système. A cet effet, je dressai un *certificat à la date du* 13 *juin,* constatant les divers ensemence ments faits à l'aide dudit système, pour qu'en visitant mes blés ils eussent à se bien assurer de la vérité.

» Aujourd'hui que plusieurs propriétaires sont venus me demander le rendement de ces blés, je crois devoir dresser le présent certificat pour constater la fin qu'ils ont faite et le rendement que j'en ai obtenu ; lequel est :

» De 15 hectolitres de récolte pour 1 hectolitre de semence.

» Mais comme j'ai semé à quatre époques différentes et sur des terrains dont une partie *n'avait pas reçu de labours préparatoires,* je dois donner le produit de chaque époque et surtout de chaque culture.

» C'est ce que je vais essayer de faire d'une manière aussi précise que possible, en soumettant, toutefois, les diverses observations que j'ai faites relativement à la maturité et à la moisson.

» J'ai observé :

» 1° Qu'à la maturité, les blés ensemencés sans labours avaient souffert des grandes chaleurs, surtout ceux qui étaient clair-semés. Les tiges ne couvrant pas la terre, les chaleurs l'ont desséchée avant l'entière maturité du blé, tandis que ceux qui avaient été semés sur un meilleur labour ont mieux résisté à l'ardeur du soleil ; la grande quantité de tiges couvrant entièrement la terre lui ont fait conserver plus longtemps sa fraîcheur.

« *N. B.* — Que notre quartier a été soumis à la commune loi de cette année ; je veux dire que les blés ont craint les chaleurs sénégambiennes de juin-juillet ; comme dans bien d'autres localités, les plus beaux blés, les mieux semés, sont précisément ceux qui ont le plus souffert ; tandis que, pour les miens, c'est l'inverse qui est arrivé, les plus beaux ont mieux résisté parce que leur beauté provenait du labour et non de la fumure (laquelle est la même pour tous labours, puisque c'est le grain qui la reçoit).

» 2° Qu'à la moisson, ceux premièrement moissonnés sont :

» 1° Le litre semé fin novembre sur un terrain qui avait produit des pommes de terre fumées à trou ;

» Et la partie semée le 31 octobre, en y répandant de la colombine ;

» 2° L'autre partie, du 31 octobre, semée très épais, sur du chaume sans labours ;

» Celui du 10 octobre, clair-semé, sur du chaume sans labours ;

» Et celui du 18 octobre, semé assez épais, sur du chaume rompu par une simple raie d'araire (petite charrue à semer).

» Ce blé avait été semé à côté d'un champ dont une partie fut fumée et semée en blé, et l'autre partie, non fumée, semée en avoine. L'attraction atmosphérique lui a été tellement nuisible, qu'en avril il paraissait être le plus mesquin, quoique le terrain soit de bonne qualité. Je voulus alors, pour expérimenter, répandre de la colom-

bine sur une partie et non sur l'autre ; la partie qui reçut de la colom
bine a mieux prospéré que celle qui n'en avait pas reçu. Ce blé était
inférieur à ceux sans labour et a le plus souffert des chaleurs.

» 3° Ceux semés le 18 octobre, assez épais, sur le guéret ;

» Le litre semé fin novembre, très épais, dans un terrain argileux ;

» Et enfin ceux du 10 octobre, clair-semés, sur du chaume d'es-
parcette sans labour et sur du guéret d'été.

» Ce dernier du 10 octobre, sur le guéret, avait tellement tallé, que
la partie semée à doubles sillons sur trois de la petite charrue, a
produit d'un 6ᵉ à un 5ᵉ plus de gerbes que celles à tous les sillons,
celle-ci d'un 20ᵉ plus que celle semée à la volée.

» Voici maintenant le résultat du dépiquage par date d'ensemencement et par chaque culture. »

SAVOIR :

N° 1. Ensemencement du 10 octobre, 100 *litres à* *l'hectare.*	Selon le système.	Chaume d'esparcette . 5 litres Guéret d'été . . . . . 15 » Chaume de blé . . . 20 »	rendement 600 litres ou 30 p 1 dito 300 dito 15 » 1
N° 2. Ensemencement du 18 octobre, 200 *litres à* *l'hectare.*	Selon la méthode ordinaire épais.	Guéret . . . . 20 » Chaume de blé . . . 20 »	dito 240 dito 12 » 1 dito 160 dito 8 » 1
N° 3. Ensemencement du 31 octobre, 300 *litres à* *l'hectare.*	Idem très épais.	Chaume de blé . . . 20 »	dito 200 dito 10 » 1

Moyenne sur 1 hectare. Ces 100 lit. ont produit 1,500 lit. ou 15 h. p. 1

Nota. — On voit au n° 1 que l'ensemencement fait dans les conditions du système, a donné le double des autres expériences.

» J'ai aussi récolté 2 doubles décalitres et un quart environ d'avoine,
pour 1 litre que j'avais ensemencé les premiers jours d'avril. Les
épis de cette avoine étaient plus longs que les tiges; les grains, par
la couleur et la pesanteur, ressemblent à l'avoine première.

» Outre toutes ces expériences sur les céréales, j'en ai fait d'autres
sur les légumes, arbres et vignes :

» 1º J'ai semé des *petits pois* qui m'ont bien produit. Ils étaient
aussi beaux que ceux que j'avais bien fumés ;

» 2º Des *pois-chiches* qui m'ont très-bien réussi, tandis que ceux
qui n'avaient pas été préparés n'ont pas réussi du tout ;

» 3º J'ai planté des *fèves tardives* qui étaient aussi belles que les
premières faites au fumier ;

» 4º Des *pommes de terre* qui m'ont tout autant produit que celles
bien fumées, quoique je n'eusse pas mis la quantité de poudre
voulue ;

» 5º Des *haricots blancs et noirs* (les noirs à longue cosse ou
gousse), qui m'ont très bien réussi dans des terrains frais et bien
ameublés, et non dans ceux pierreux et secs. Ceux qui étaient les
plus espacés les uns des autres étaient les plus beaux et d'une longue
production. Les noirs sont encore en pleine production et d'une grande
végétation ;

» 6º Enfin sur des *courges, melons* et *pastèques*. Ces plantes, sur
un terrain bien défoncé et fumé, prennent une plus belle végétation
que celles qui ne reçoivent pas la préparation. J'ai obtenu des pastèques de plus de 8 kil. J'ai des *courges* dites massenencques, ex-
ploitées ordinairement par nos jardiniers, dont les plantes, dans un
terrain non arrosable, sans le secours d'aucune pluie, étaient dans
une aussi belle végétation que dans les jardins, et le fruit d'une
grosseur que je n'avais jamais pu obtenir ni vu dans aucun champ.

» J'ai remarqué que les *arbres* plantés à ce système sont d'une
fort belle végétation, rapide et durable, et que ceux arrosés sont
bien plus beaux que ceux qui ne l'ont pas été. J'ai des jeunes *poi-*
riers, dévorés par les chancres, qui m'ont donné des jeunes pousses
de plus de 1 mètre, que j'arrêtais pour les forcer à pousser latérale-
ment, *des mûriers malades, qui, au moyen d'un seul arrosement,*
ont poussé des branches aussi longues que celles des autres, avec
des feuilles plus vertes et plus luisantes.

» Il en est de même de la *vigne*, que les ceps soient ou non enra-
cinés, elle pousse vigoureusement. J'en ai planté deux houlières
(allées) des uns et des autres, aucun n'a manqué. J'ai même remarqué que des ceps qui avaient été abandonnés sur la terre et plus
tard avaient été mis à tremper, puis préparés à la Bickès, et plantés
dans un terrain moins bien cultivé, sont tous devenus tout aussi
beaux que les autres. Les jeunes vignes de quelques années, arrosées,
sont, même malgré la sécheresse, d'une fort belle végétation, aux
feuilles larges, vertes et luisantes.

» Je déclare être satisfait de tous mes essais, et principalement du
rendement de mes blés, lesquels ayant plus ou moins souffert, comme
ceux de notre quartier, ne me permettraient pas d'en attendre un
aussi beau résultat, surtout sur le chaume sans labours.

» Je déclare aussi n'avoir expérimenté l'engrais Bickès que dans
mon intérêt personnel et non dans celui de ses inventeurs ou de ses

ayants-droit ; car si j'avais cherché à servir l'intérêt de cette administration, au lieu d'ensemencer sur un terrain qui n'avait pas reçu
de fumier depuis longtemps et dont une partie n'avait pas reçu de
labours préparatoires et qui était à sa troisième récolte de blé consé-
cutive, sur une seule culture donnée à la houe ou au louchet, j'aurais au contraire choisi mes meilleurs terrains, les mieux cultivés, et
alors j'aurais pu publier des résultats surprenants ; car il n'y a que
les bons labours qui puissent, à l'aide de ce système, donner des
résultats extraordinaires, surtout en ne chargeant pas trop de
semence.

» Délivré à M. Armieux, directeur pour la Provence et Aix, le
20 août.

» Signé : Henry Barles. »

» Je certifie que je me suis rendu, le 13 juin, sur la propriété
de M. Henry Barles ; que les blés que j'ai visités m'ont été désignés
tels que le mentionne le procès-verbal ci-dessus ; que, les ayant exa-
minés attentivement et comparativement avec des blés appartenant
à des propriétaires que l'on m'a dit n'avoir pas usé de la méthode
Bickès, j'ai reconnu dans ceux de M. Barles une supériorité très
marquée de végétation, et un développement d'épis très supérieur en
longueur ; sans préjuger de la cause qui a pu produire l'état infiniment satisfaisant de ces blés, je dois à la vérité de dire qu'ils étaient
de la plus belle espérance.

» A la Montauronne, le 22 juillet.

Signé : P. de Bec,

» Directeur de l'école ferme-modèle du département des Bouches-
du-Rhône, membre du comice agricole de Marseille. »

N° 62. — « Je soussigné, certifie la validité du procès-verbal de
M. Henri Barles, et déclare avoir expérimenté moi-même l'engrais
Bickès sur des haricots qui m'ont parfaitement réussi.

» Aix, ce 24 juillet.

» Signé : Michel,

» Horticulteur, conseiller municipal d'Aix, membre du comice
agricole de Marseille. »

N° 63. — « Je soussigné, certifie avoir visité les champs mentionnés
au certificat délivré par M. Henri Barles, propriétaire. et que ledit
certificat est conforme à la vérité.

» Je certifie de plus avoir employé moi-même l'engrais Bickès à
une plantation d'ocacias, qui m'a parfaitement réussi.

» Aix, le 25 juillet.

» Signé : Camille Buchet,

» Propriétaire. »

Afin de prouver sa satisfaction, M. Buchet vient de faire une commande de 400 fr. *La plantation d'acacias a été faite dans le roc taillé à pic.*

Du Hameau de la Reizière, le 22 juillet.

N° 64. — « Dans quinze jours je dois aller à Aix ; si vous êtes muni de poudre pour blé, j'en prendrai pour moi 5 hectares, et, de plus, 5 autres hectares pour mes amis.

» Je vous autorise à ajouter ma signature au certificat que doit vous avoir délivré M. Barles, relativement à la beauté des blés faits au système Bickès, lesquels m'ont frappé d'étonnement par la hauteur et la beauté des épis. Mais, ce qui m'a fait le plus d'impression, c'est la vigueur des arbres fruitiers préparés à ce système ; c'était des pousses d'un mètre qui s'élevaient au milieu des branches *tortueuses et chancreuses*, et dont la végétation ne paraissait pas devoir s'arrêter là.

» Aussi, à mon retour, j'ai préparé environ 30 *mûriers* au système Bickès ; depuis ce procédé, d'un mois environ, je remarque à ces arbres une végétation rapide. Conséquemment, je vais employer à mes plantations toute la poudre pour arbres que vous m'avez remise. Ce sera un peu tard, à la vérité ; mais je pense que la poudre ne peut manquer de faire son effet en automne, et qu'au printemps ces arbres pousseront plus vigoureusement encore.

» Je suis très encouragé par le bon résultat de l'avoine que j'ai semée à ce système cette année-ci.

Semée au mois de mars, elle n'est sortie de terre qu'à la mi-avril, et je l'ai coupée fin juin : je n'avais jamais vu qu'en *deux mois et demi* on pût faire une récolte aussi heureuse que rapide.

» *Signé* : E. Philippe,

» Propriétaire au hameau de la Reizière, près Charlevel. »

N° 65. — « Je soussigné, certifie avoir visité la propriété de M. Barles et avoir reconnu la supériorité des blés semés au système Bickès sur ceux de ses voisins qui ont été semés par les procédés ordinaires.

» J'ai observé chez lui des arbres fruitiers dont le pied était tout chancreux et dont les branches tortueuses constatent une maladie ancienne. L'application de cet engrais les a tellement ranimés qu'ils ont fait cette année de nouvelles tiges de 1 mètre de longueur.

» J'ai de même admiré une plantation de vignes de cette année dont tous les plançons ont parfaitement réussi ; ils ont des pousses de 40 à 50 centimètres de long.

» Enfin j'ai vu des *pastèques* de 8 kilogrammes, de beaux *melons*, de grosses *courges*, tout cela dans les champs non arrosables.

» J'ai moi-même expérimenté l'engrais Bickès, à la fin de novembre, sur une terre de troisième classe, ayant donné auparavant deux récoltes de blé, et sur un simple labour ; 12 livres m'ont produit 120 livres, soit 10 pour 1. J'ai également semé des *pommes de terre* qui m'ont parfaitement réussi.

» Aix, le 15 août.

> » *Signé* : NICOT,
>
> » Propriétaire »

Nº 66 — « Je soussigné, certifie que, sans pouvoir attester tout ce que dit M. Barles de l'engrais Bickès, je puis affirmer que le blé qu'il a ensemencé à l'aide de ce même engrais m'a paru d'une grande supériorité à tous ceux de ses voisins, qui ont été semés par les procédés ordinaires, soit par la vigueur et la longueur des tiges, soit par la beauté des épis, sur lesquels j'ai compté jusqu'à *quatorze étages*, et chaque étage portant jusqu'à *quatre grains* ; en foi de quoi j'ai délivré la présente attestation.

» Aix, le 16 août.

> » *Signé :* GAS,
>
> » Ancien avocat. »

Nº 67. — « Je certifie avoir visité, en compagnie de M. Gas, avocat, la propriété de M. Barles, et avoir reconnu comme lui la supériorité des blés semés au système Bickès, sur ceux semés suivant les procédés ordinaires, le tout suivant l'indication qui nous a été donnée par les journaliers de M. Barles.

» Aix, le 18 août.

> » *Signé :* VIAL,
>
> » Ancien avocat. »

Nº 68. — « Je certifie que je me suis transporté sur la propriété de M. Barles, et que là, ayant pu voir et apprécier par moi-même le beau résultat que donne cet engrais, je vais immédiatement, **en** temps opportun, en faire l'essai en grand. Voulant rendre justice à la vérité, j'ai cru devoir donner une pareille attestation pour que le sieur Armieux puisse s'en servir là où besoin sera.

» Aix, le 19 août.

> » *Signé :* François MICHEL,
>
> » Propriétaire de la Burle, près la Pioline, terrains d'Aix. »

Nº 69. — « Je soussigné, Granon, métayer de Mᵐᵉ Guillibert, au Plan-d'Aillanne, division de Mille-Terrain-d'Aix, déclare avoir vu le blé semé par M. Barles, avec la poudre Bickès, 15 jours environ avant la moisson, et l'avoir trouvé d'une très belle venue ; il égalait le blé semé dans les meilleures conditions de culture et de fumure; les épis étaient plus gros. Il m'a paru seulement que la partie qui avait reçu moins de semence était exposée à moins grainer, parce que sa végétation trop vigoureuse pouvait l'empêcher d'arriver à maturité, avant les fortes chaleurs. Je pense qu'en mettant la quantité habituelle de semence on ne sera pas exposé à cet inconvénient (1); et, pour preuve de ce que j'ai vu, j'engage ma parole pour dix hectares.

» Aix, ce 20 août.

» *Signé* : Granon, cadet. »

———

N° 70. — « Je soussigné, Calier, fermier du Jeu-du-Mail, à Aix, déclare que, le 10 décembre, mon métayer a semé du blé préparé au système Bickès, sur un terrain de dernière qualité, appelé (saffre), *provenant d'excavations*. J'ai voulu expérimenter cette poudre sur ce terrain non ameubli et n'ayant jamais vu le soleil, et par conséquent très âpre.

» Ce blé n'est sorti qu'en février, très vigoureux; il est bientôt devenu aussi beau que celui semé deux mois auparavant et sur un meilleur terrain fumé; il a produit des épis très longs.

» Je déclare, en outre, qu'en février mon métayer a également, sur ce même terrain de *saffre*, semé 10 *litres d'avoine qui ont produit* 260 *litres* (26 *pour* 1).

» D'après ces résultats, je me propose, cette année, d'employer cette poudre fertilisante qui me sera d'un grand secours.

» Aix, délivré au Jeu-du-Mail, où les épreuves ont été faites, ce 28 août.

» *Signé* : Calier,

» Aubergiste. »

———

N° 71. — « Je vous informe que le blé que j'ai semé au système Bickès, à côté d'un ensemencement fait avec le tourteau, est devenu tout aussi beau et a de plus beaux épis.

» Je vous fais observer que j'ai semé *deux mois* plus tard que l'époque voulue.

» Délivré à la colline du Montaignet, terrain d'Aix, ce 31 août.

» *Signé* : Denis Michel.

» Propriétaire, directeur de la Providence,
» compagnie d'assurances contre l'incendie.

» Nota. — Il est à remarquer que l'ensemencement par le procédé Bickès n'est sorti que fin janvier, et que j'évalue le rendement à *un tiers* de plus qu'avec le tourteau. »

———

(1) Il faut se conformer à ce qui a été dit au prospectus, au risque de n'avoir que de l'herbe à récolter.

Nº 72. — « Monsieur Armieux, vous me demandez ce que j'ai obtenu avec l'engrais Bickès, je me fais un devoir de vous en informer :

» 1º J'ai eu la curiosité de semer du blé en mars dernier, afin d'être fixé sur la force de cette poudre. Ce blé est sorti très vigoureux, il a bien taillé ; j'ai compté jusqu'à 10 tiges pour un grain. Mais les grandes chaleurs l'ayant surpris quand il venait de former son épis, il a craint complétement.

» D'avance je m'attendais à ce qui est arrivé, car jamais on a vu, dans nos pays, qu'en trois mois on puisse semer et récolter du blé.

» 2º J'ai été plus heureux pour la *luzerne*, qui est sortie comme il faut, et qui va prospérer en septembre ; ainsi que pour les *mûriers* que j'ai fumés au système et sur lesquels j'aperçois des feuilles plus larges qu'aux autres.

» Fixé sur la force de cette poudre, je me propose cette année de vous en acheter pour blé.

» Aix, le 30 août.

» L'Économe de la maison Sainte-Croix. »

» Nota. — Il est hors de doute que la quantité de semence était trop *faible*. »

Nº 73. — « Je soussigné, jardinier à la maison Carrée, déclare avoir expérimenté l'engrais Bickès sur 200 plantes de *céleri*, qui sont tout aussi beaux que ceux que j'ai bien fumés.

» J'approuve cette poudre pour le jardinage.

» Aix, le 15 août.

» *Signé :* Louis Mihière. »

Pezrolle, le 25 juillet.

Nº 74. — « M. Armieux, directeur de la culture sans engrais, à Aix (Bouches-du-Rhône).

» La dernière fois que j'allai à Aix, je comptais vous voir, je n'en eus pas le temps. A la réception de votre lettre j'allais vous écrire pour vous informer de mes épreuves.

» Les *haricots* que j'ai semés, d'après le système Bickès, sur un terrain d'où j'avais enlevé une pépinière de peupliers, par conséquent très maigre, sont tout aussi beaux que ceux que j'ai faits sur un beau guéret, et avec du bon fumier ; les *pommes de terre* sont plus belles que celles que j'ai fumées.

» A mon prochain voyage à Aix, j'aurai l'avantage de vous voir ; nous causerons pour la poudre que je dois prendre pour ma consommation.

» *Signé :* Sauveur Michel jeune, dit de Callissane,

» Jardinier pépiniériste. »

Nº 75. — « Nous, soussignés, déclarons avoir semé, fin novembre, *un double décalitre* de blé, dit blé meunier, au système Bickès, sur terre de troisième classe, n'ayant pas reçu d'engrais depuis longtemps. Ce blé n'est sorti qu'en février, très vigoureux, et a bientôt eu atteint celui fait deux mois à l'avance et fumé avec des eaux-mères de la fabrication de salpêtrerie. Il est devenu de 1 mètre 75 centimètres de hauteur, a eu *des épis de 13 centimètres en moyenne*, et de 9 *à* 12 *étages* de 3 *grains* chaque; le rendement a été *de* 31 *doubles décalitres*, plus de 30 pour 1. — Nous avons également semé en mars dernier 1 *double décalitre d'avoine* qui a produit 45 *pour* 1. — Tout cela sur simple guéret à la bêche. Enfin, nous avons fait des semis d'*oignons* qui sont de belle espérance.

» Aix, 20 août.

» *Signé :* Armieux frères. »

Chicot (Lot-et-Garonne).

Nº 76. — « Expérimentation faite par le soussigné :

Sur 94 ares,	terre médiocre,	80 litres de blé ont produit	19	gerbes.
» 26 »	terre 2ᵉ classe,	20 »	»	»	65	»
Sur 120 ares	—	100 »	»	»	255	gerbes.

qui ont donné un rendement de 30 *hectolitres de blé, en qualité supérieure.*

» Au Chicot, le 31 août.

» *Signé :* Ant. Cartain. »

Agen (Lot-et-Garonne).

Nº 77. — 13 *août.* « M. Amblard me dit qu'il a obtenu 17 pour 1 de semence par votre procédé. Il m'a fait observer que *la qualité était tellement supérieure qu'il conservait ce produit pour l'ensemencement prochain.*

» Fontenilles. »

Argenton-l'Eglise, près Thouars (Deux-Sèvres).

Nº 78. — 20 *août* (lettre communiquée). « Parlons un peu du procédé de M. Bickès. Quand M. Dufaure passera, j'aurai à lui montrer des échantillons de chanvre de 3 mètres, et des pommes de terre remarquables de grosseur. M. Boux de Ferrière a mis en terre, bonne tout au plus à faire de la tuile, des *patates* par le nouveau procédé, sans aucune fumure : *deux pieds donnent un huitième d'hectolitre* d'énormes pommes de terre. Près de là, il en a semé d'autres dans un terrain meilleur, parfait, fumé, et il faut huit pieds pour la même mesure. Le chanvre se trouve chez le sieur Robie, à

Glandes-de-Bouillé-Lorct. En résumé, il faut dire aussi que M. Boux a fait ses ensemencements par un temps très contraire, et malgré cela les résultats sont attrayants.

» Audoux,

Médecin. »

Envermeu (Seine-Inférieure).

N° 79. — 29 *août*. « Je vous adresse aujourd'hui les produits ci-joints en blé de mars et avoine : vous remarquerez que les grandes pluies ont beaucoup nui, et qu'il y a dix jours, l'avoine droite avait quatre pouces de plus. Les épis ont montré jusqu'à 134 grains. Semé trop serré, il s'y trouve pourtant encore des pieds de 6 et 8 tiges, Du trèfle non préparé, semé dans cette avoine, a 15 et 16 pouces de haut, et a dû nuire beaucoup au progrès.

» Vous remarquerez que le blé de mars a jusqu'à 7 tiges sur un pied.

» J'ajoute 3 feuilles d'artichaut de Radon, plantés depuis moins de deux mois, lesquelles, après huit jours de plantation, ont reçu un faible arrosement avec de la préparation.

Des essais sur maïs, tentés par M. de Villepoix, ont donné les résultats suivants :

» Pieds préparés : *jusqu'à 7 et 10 gros épis.*

» Dito engraissés avec tourteau de graine de colza : *jusqu'à 2 tiges et 3 épis.*

» Pieds plantés sur terre ordinaire, dans un jardin : 1 *tige jusqu'à 2 épis.*

» L'oignon *menace* de devenir très gros.

» Le frère de M. de Villepoix, pharmacien à Abbeville (Somme), qui a récolté la *moutarde* de 5 et 6 pieds de haut, n'a pu m'envoyer des tiges, n'en n'ayant pas conservé. Il affirme que jamais il n'a vu cette plante acquérir un pareil développement. Les pépinières de *colza* sont admirables.

» Mottet. »

Blé de mars, préparé au système Bickès.

N° 80. — « Sur une terre très aride, de la plus mauvaise qualité, non fumée depuis douze ans. L'année dernière, de l'orge y fut semée, non préparée, laquelle ne put épier. La terre avait reçu trois labours.

» Cette année, après un seul labour, des *cribures* ont été semées, préparées, et ont produit ces échantillons (ils sont à Paris), qui ne le cèdent en rien au blé de mars non préparé, semé dans une terre de première classe, très bien fumée, après des betteraves.

» Certifié véritable, le 25 août.

» Le maire d'Avesne.

» *Signé :* De Villepoix. »

*Avoine cultivée à Regniétuit, commune d'Avesne,
canton d'Envermeu.*

N° 81. — « Dans un bon terrain, préparé par le système Bickès, semée beaucoup trop épaisse, 2 hectares environ sont semblables et admirés de tout le monde.

» Des graines de *trèfle* non préparées ont poussé dans cette avoine, et la végétation a acquis un développement considérable.

» L'avoine non préparée (terre fumée) a moins de grains et est de plus de 40 *centimètres* plus courte.

» Certifié véritable, le 25 août.

» Le maire d'Avesne.

» *Signé* : DE VILLEPOIX. »

———

Rives (Isère).

N° 82. — 28 *août*. « Je ne puis, Monsieur, vous donner encore des renseignements définitifs sur mes semis, qui sont faits depuis trop peu de temps ; mais les témoignages que j'ai recueillis d'autre part me font espérer que l'automne prochain verra votre système philanthropique triompher sur tous les points de la France.

» Voici ce que m'écrit M. Correard, maire de Vinay :

« Mes haricots faits avec la poudre sont plus beaux infiniment » que ceux faits avec le fumier ; ils sont tous chargés de fleurs et » de fruits, leur élévation est admirable ; voilà un fait constant. Les » pommes de terre promettent bien ; mais elles ne seront arrachées » que plus tard. »

» BERGERET,

Pharmacien. »

———

Bordeaux (Gironde).

N° 83. — 26 *août*. « J'ai des renseignements positifs au sujet d'une plantation d'herbacées, choux, etc., qui sont d'une végétation extraordinaire.

» DEBEAUX. »

———

Charleville (Ardennes).

N° 84. — Le 25 *août*. « M. Perotin-Andrieux, cultivateur à Monthoin, a obtenu de l'orge magnifique pour l'année, eu égard à la sécheresse. Avec moitié de semence, il a une empouille qui surpasse de beaucoup celle de ses voisins ; la paille est plus haute, plus abondante, et les épis étant considérablement plus longs et mieux fournis, la récolte sera bien supérieure à celle qu'il a pu obtenir jusqu'à ce jour.

» M. Lallemand, à Bouconville, près Monthoir, a de l'orge qui, en moyenne, a 24 troches; c'est-à-dire que des pieds ont 30 brins et d'autres 18.

» M. Paris-Nazarre, à Mouzon, a obtenu les résultats suivants :

» Après avoir repiqué des melons provenant d'un jardinier qui les jugeait impropres à donner des produits, il les a arrosés avec la solution et a obtenu un melon qui, coupé avant sa maturité, pesait 5 kilogr., tandis que les plus beaux de ceux du jardinier pesaient à peine 1 kil. et 1/2.

» Une vigne, arrosée aussi avec la solution, donne des feuilles telles que les deux qui se trouvent au fond du paquet que je remets pour vous aux Messageries. Il y en a d'autres dans le même paquet, provenant de mon jardin, mais elles ne sont pas aussi grandes que les premières, par cette raison que mon jardinier étant venu tailler mes vignes pendant mon absence, ne s'est pas fait scrupule de couper et jeter au fumier les feuilles les plus larges.

» Dehu van Guelwe. »

Ville Emblaisois (Haute-Marne).

N° 85. — « Je certifie que l'avoine que j'ai ensemencée avec l'engrais Bickès, m'a fourni plus du double d'avoine que si je l'avais semée dans un champ bien fumé. Nous avons trouvé des tiges d'avoine qui portaient jusqu'à 4 pieds et 4 pieds et demi de hauteur, et les glands d'avoine avaient près d'un pied.

» Signé : Senet,

» Cultivateur à Ville-Amblaisois, canton de Passy. »

« Monsieur,

N° 86. — » Vous demandez des renseignements sur le procédé Bickès. Je suis content d'avoir de bons résultats à vous annoncer de tous ceux qui ont employé ce système. J'ai vu ces messieurs, et ils sont tous satisfaits des résultats de leurs essais, et à l'avenir ils ne veulent employer que ce système. M. Bridier (Théodore) a employé cette poudre végétative sur des melons, et jamais il n'a eu de melons de pareille grosseur, malgré les soins qu'il y portait les autres années, et d'une saveur que de longtemps il n'avait mangé des melons pareils; en outre, il a essayé cette poudre sur des radis et navets qui ont très bien réussi. Des pommes de terre semées à la Bickès, sans autre fumure, et à côté d'autres fumées à double, il y en avait beaucoup de plus dans les Bickès que dans les autres. — M. Roger a employé le système Bickès sur des pommes de terre et il n'avait jamais si bien réussi, et il emploiera ce système encore l'année prochaine.

» M. Hamon a employé la poudre Bickès sur des pommes de terre; malgré la chaleur qu'elles ont rapporté et qui les avait presque brûlées totalement. Il a encore eu un rendement plus qu'à l'ordinaire, et il a trouvé jusqu'à 60 pommes de terre par pied, et si elles n'avaient pas été consommées par la chaleur, il aurait eu une récolte extraordinaire.

» Mon beau-père a employé l'engrais chimique sur des pommes de terre dans un terrain frais, sans autre fumure, et il a récolté dix hectolitres de pommes de terre énormes avec moins de 1/8 d'hecto-litre de semence.

» M. Desnous, à Glaude, a essayé le procédé chimique sur quatre graines de citrouille, qui ont produit des fruits de 50 kilog. la pièce, tandis que les autres graines n'ont produit que des fruits de 15 à 25 kilog.

» Moi aussi, pour ma part, j'ai essayé la poudre végétative sur des melons semés dans un terrain béché le jour de la semaison, sans autre fumure que la poudre Bickès, imprégnée sur les graines, et j'ai eu des fruits d'énorme grosseur et d'une saveur, qu'il ne s'en mange pas de pareils dans nos pays; en outre, j'ai essayé l'engrais chimique sur des pommes de terre, dans un champ où il y a eu successivement des choux et des pommes de terre depuis six années consécutives, et depuis deux ans je ne récoltais pas beaucoup; le rapport de ces plantes était ennuyeux. Par le procédé nouveau, j'ai eu les deux tiers de plus que les années précédentes, malgré la rigueur du soleil qui les a brûlées huit jours avant que le fruit n'ait obtenu sa maturité.

» J'ai semé du chanvre dans un terrain béché une seule fois, et nous avons récolté du chanvre de deux mètres de hauteur. Dans un autre morceau, béché la veille et applaussi qu'on ne pouvait seulement pas le semer, par rapport aux plans ou herbes, si vous voulez; mais cette fois il n'est pas venu très beau, mais il est encore venu aussi beau comme dans les terrains de première classe; *cependant c'était un terrain de troisième classe.*

» En foi de quoi ces messieurs ont signé avec moi. — Délivré à M. Jaquet Andams, sous-directeur du département des Deux-Sèvres.

» Glaude de Bouillé-Lorez.

» Signé : Raby Conflans, T. Bridier,
» Roger, Lhomon, Desnons.

» Pour la légalisation des signatures ci-dessus :

» Pour le maire,

» Signé : Brotteau,
» Adjoint. »   (L. L.)

« Monsieur,

Nº 87. — » J'ai vu M. Gauron François, ainsi que M. Villin Jean, du Puy-Notre-Dame, ils m'ont dit qu'ils étaient très satisfaits du procédé Bickès et des pommes de terre à la Bickès, plantées à côté d'autres pièces fortement fumées et que la différence était grandement visible. Ils ont semé en outre du chanvre qui a très bien réussi, et cela dans un terrain de dernière classe.

» Glaude de Bouillé-Lorez, le 14 novembre.

» Signé : Raby Conflans.

» Vu pour la légalisation de la signature du sieur Raby Conflans, apposée ci-dessus.

» Bouillé-Lorez, le 27 novembre.

» L'adjoint au maire,
» Brotteau. »   (L. L.)

Nº 88. — « Je soussigné, propriétaire et maire de la commune de Saint-Pierre de Fursac (Creuse), certifie avoir ensemencé au mois de juin dernier un hectare de sarrasin, dont la semence avait été préparée avec l'engrais Bickès, et dont la végétation et le rendement, qui n'avaient reçu aucune préparation. avaient été ensemencés sur une terre de même qualité, qui avait reçu une abondante fumure.

» Au Peux, le 27 novembre.

» *Signé*: Busson. »

Nº 89. — « Je soussigné, ayant donné de l'engrais Bickès à mon colon, il l'a employé avec avantage dans un très mauvais terrain semé de sarrasin ; il a déclaré que la même semence faite avec du fumier ordinaire n'aurait pas mieux réussie. L'expérience date de l'année courante.

» La Souterraine, le 25 novembre.

» *Signé* : Lablanche.

» Vu pour légalisation de la signature de Lablanche ci-dessus apposée.

» La Souterraine, le 26 novembre.

» *Le Maire*, M. al Mannuel d.   (L. L.)

Saint-Vinebauld, le 12 octobre.

« Monsieur,

Nº 90. — « Au mois de juin dernier, j'ai commencé mes expériences sur l'emploi de votre poudre végétative. Je trouve les résultats excellents. Permettez-moi de vous en rendre compte et de vous en témoigner ma satisfaction.

» Vers la fin d'avril, j'ai défriché par un seul labour une terre calcaire des plus arides de la Champagne et abandonnée depuis plus d'un siècle par les propriétaires successifs qui en connaissaient par expérience la stérilité, devenue proverbiale.

» Au 15 juin, très tard, comme vous le voyez, j'y ai semé à la herse seulement du sarrasin, soumis à la préparation de votre procédé chimique — pour servir de point de comparaison ; une partie du même champ fut semée sans préparation de semence.

» La sécheresse excessive qui durait alors et qui se prolongea me fit désespérer de la germination de mon sarrasin et du résultat que j'attendais de mon expérimentation.

» J'était trop prompt à juger et condamner la Providence , car vinrent les pluies, qui ne tardèrent pas à couvrir mon champ de verdure.

» Et aujourd'hui, à mon grand étonnement, je trouve sur mon champ de sarrasin une plus belle venue et de beaucoup supérieure à celles du pays qui ont été semées dans d'excellentes conditions, et mieux sur des terres fumées.

» Ainsi, au coin de terre où la semence n'a point subi de préparation, la plante est chétive ; la tige maigre et étiolée porte à peine quatre ou cinq bouquets de fleurs ou têtes de graines étiques et ne dépasse pas 15 à 20 centimètres de hauteur. Tandis que la terre qui a reçu la semence préparée me rend des pieds de sarrasin forts et bien nourris. J'en trouve qui portent jusqu'à 12 branches et 75 bouquets de fleurs ou graines de belle qualité ; ces pieds n'ont pas moins de 80 centimètres de hauteur et 3 centimètres et quelques millimètres de circonférence à la base.

» Dans cette dernière partie de terrain se trouvent quelques tiges d'orge. J'en remarque de 75 à 80 centimètres de hauteur, portant 8 épis de 26 à 30 grains chacun.

» On y rencontre aussi de magnifiques pieds d'avoine, dont un porte 12 tiges, qui, le 20 septembre, s'élevaient à 90 centimètres. Nous ne récoltons pas mieux dans les terres qui portent 200 doubles décalitres par hectare.

» En un mot, pour qui connaît la terre, la récolte est fabuleuse ; moi-même, si je n'en étais témoin, je refuserais d'y croire.

» Veuillez donc, monsieur, recevoir mon tribut des félicitations que cette précieuse découverte doit faire pleuvoir sur vous, nonobstant les incrédulités de nombreux agriculteurs arriérés.

» En septembre, j'ai renouvelé mon expérience sur du seigle et en plus grande quantité, mais dans de moins mauvaises conditions. Je me plais à croire que je serai encore plus satisfait s'il est possible de l'être. Je m'empresserai de vous en rendre compte.

» Aujourd'hui je veux expérimenter sur le froment, et je viens vous prier de vouloir bien me faire parvenir, par la personne chargée de cette lettre, deux paquets de 20 francs chacun de votre poudre fertilisante applicable à ce grain et préparée pour une terre calcaire un peu sablonneuse. Cette personne est chargée de vous en remettre le prix.

» Si, comme j'ai lieu de l'espérer, ma récolte en grain est proportionnée à celle du sarrasin, l'année prochaine je soumettrai à votre système d'engrais l'exploitation de vastes terres.

» Je vous autorise à donner à cette lettre la publicité que vous jugerez convenable. Seulement, si vous en rendez compte dans un journal quelconque d'agriculture, je vous serai obligé de m'en faire parvenir un exemplaire. Au surplus, j'ai l'espoir de vous voir bientôt, dans le but de m'entretenir avec vous d'agriculture et de vous demander à être commissionné pour le placement de vos produits chimiques, ainsi que mon frère vous en a déjà parlé en vous demandant ma dernière fourniture. Je vous prie donc de ne pas disposer d'ici là de cette mission dans le département de l'Aube, sans m'en donner avis, ma famille, toute de propriétaires-agriculteurs, se trouve avantageusement posée pour faciliter et étendre le placement en question.

» Je vous demande pardon d'écrire tout à la hâte. L'heure ne me permet pas de me relire.

» Veuillez me faire l'honneur d'agréer, monsieur, mes civilités empressées et l'assurance de mon profond respect.

» *Signé :* BONDARD,

» à Saint-Vinebault, par Nogent et Ferreux (Aube). »

La Souterraine, le 28 novembre.

» Mon cher monsieur,

N° 91. — » Vous trouverez ci-joint quatre certificats faisant foi des résultats obtenus sur le sarrasin et les pommes de terre avec le précieux système de culture sans engrais.

» Il y a jusqu'à présent, vous le verrez, un immense avantage, savoir : économie de fumure et de main-d'œuvre ; mais ce qu'il y a de plus important, de plus précieux encore, c'est la guérison de la pomme de terre.

» Je dois partir pour Guéret. Il me tarde de savoir si l'expérience faite sur le blé par M. Cuttens a réussi aussi bien comme celle de Navarre. S'il en était ainsi, il n'en faudrait pas davantage pour propager à l'infini dans le département, malgré vent et marée, votre précieux système.

» Tout à vous,

» DE MONTMIRAIL.

» Charleville, le 11 octobre.

« Monsieur Bickès, à Paris.

N° 92. — » M. F. Lambarion, à Signy-le-Petit, m'écrit le 16 ce qui suit :

» M. Raimbeaux, de Signy-le-Petit, a semé des féverolles préparées au système Bickès et a remarqué une différence très sensible avec celles semées sans engrais ; il n'a récolté que la graine en comparaison de la partie semée avec l'engrais chimique.

» Je vous envoie ci-inclus un certificat de M. Pierre-Jacques, jardinier à l'hôpital de Monzon ; les résultats qu'il a obtenus sont vraiment magnifiques.

» Agréez, etc.

» *Signé :* DEHU. »

N° 93. — « Je certifie que, ayant dans mon jardin plusieurs pieds de courges, cougourdes, autour du même arbrisseau, j'ai arrosé une seule fois un de ces pieds avec une très petite quantité de poudre Bickès, dissoute dans trois ou quatre fois son volume d'eau, qu'environ huit à quinze jours après ce simple arrosage, la courge arrosée s'est élevée beaucoup au-dessus de celles qui sont à côté ; elle est parvenue à une hauteur d'environ 2 mètres en plus, et elle a dans ce moment un fruit plus gros des deux tiers que le plus beau de ceux des autres pieds. Je ne puis attribuer à aucune autre cause qu'à l'effet de la poudre de M. Bickès cette grande différence d'accroissement sur des placées dans les mêmes conditions, et la végétation était à peu près la même pour toutes avant le petit arrosage dont j'ai parlé.

» Bouille-Loret (deux-Sèvres), le 21 septembre.

» *Signé* : E. Jacquet. »

N° 94. — « Je soussigné Michean Martial, propriétaire à Vareilles, canton de la Souterraine (Creuse), certifie m'être servi de la poudre de M. Bickès pour semer du sarrasin dans un très mauvais terrain, et que la récolte en était du meilleur résultat.

» Vareilles, le 6 septembre.

» *Signé* : Michean Martial. »

N° 95. — « M. Belhomme de la Chapelle, commune de Naulphe-le-Vieux, déclare qu'il a ensemencé de l'avoine dans la plus mauvaise de ses terres. Dans celle qui a été ensemencée par le procédé Bickès, elle est beaucoup plus verte et très recommandable au coup d'œil, et il déclare aussi que dans la terre à côté de celle de M. Bickès, il n'y avait pas eu de fumier avec le seigle qu'il y avait auparavant, qu'au lieu dans celle qu'il y avait à côté, le seigle qu'il y avait auparavant avait été fumé. Dans le blé qui est à côté, il ne s'attendait pas à d'aussi beaux résultats ; il a été étonné de le voir aussi beau, et il y a un mois et demi il ne croyait pas qu'il aurait épis.

» *Signé* : Belhomme, P. Baronnet, L. Michault (Seine-et-Oise). »

N° 96. — « M. Ménard, meunier à Beynes, près Naulphe-le-Château (Seine-et-Oise), nous a déclaré avoir du blé avec la culture sans engrais et y avoir mis de la semence suivant l'instruction (100 l. par hectare). Sa récolte est aussi belle que celle des ensemencements faits au mode ordinaire avec 250 litres de semence. Il est très surpris de ce résultat, parce que cette pièce de terre avait produit l'an dernier sans fumure des betteraves qui ordinairement absorbent l'engrais qui reste dans la terre. Il nous a dit qu'aux semences prochaines il ferait des ensemencements avec ce procédé beaucoup plus forts.

29 juin.

Signé : Michault (Seine-et-Oise).

N° 97. — « Je trouve une différence sensible pour la beauté du blé que j'ai semé par votre procédé chimique d'avec celui que j'ai fait avec la fumure ordinaire. Celui que j'ai fait avec votre procédé est plus vert et les épis plus longs.

» Langeais, le 12 juin. « Primée,

» Marchand de chanvre (Indre-et-Loire). »

———

N° 98. — « M. Archer, meunier à Isgneville, canton de Magny (Seine-et-Oise). L'orge qu'on a semée chez nous par le procédé Bickès est très belle ; s'il n'avait pas fait si sec, il y aurait eu à chaque pied six ou sept tuyaux ; mais elle est très verte, malgré la grande sécheresse, et il y a sur chaque pied de trois à cinq tuyaux. Celles avec la culture ordinaire ne sont pas si belles, je les ai examinées moi-même ; déjà beaucoup de personnes m'ont dit qu'elles emploieraient votre système.

» M. Bachaux fils, à Treil (Seine-et-Oise), le 2 juillet. — J'ai vu des ensemencements qui ne sont pas ce qu'ils devraient être, mais les ensemencements ont été faits trop tard, et il y a beaucoup de différence avec la semence ordinaire.

» M. Alex. Jean, cultivateur à Gonzandré, canton de Marine, est très satisfait de ses ensemencements. »

———

N° 99. — « Rapport des semailles faites dans le canton de Mouzon (Ardennes), d'après le système de culture sans engrais, procédé Bickès. — M. Hanotel, cultivateur au faubourg de Mouyon, a semé de l'avoine dans une pièce de terre qui n'avait pas reçu d'engrais depuis 10 ans, et a obtenu un degré supérieur à côté de celle préparée avec du fumier ordinaire.

« M. Couty-Blavier, cultivateur à Vilmontry, a semé de l'orge et du chanvre aussi avec le procédé Bickès, et a été parfaitement satisfait du résultat obtenu. Lui et presque tous les cultivateurs des environs ont fait des commandes assez fortes pour octobre.

» M. Thomas Renel, à Emblemont, ayant semé de l'avoine, est très satisfait du produit et fait de nouveau une commande pour octobre ; il a reconnu des troches de 18 à 20 tiges par grain. — Malgré les chaleurs excessives, M. Polson-Champeaux, propriétaire de Baumont, a aussi de l'orge magnifique ; les paumes (épis) plus longues et le grain plus gros. — M. Parisse Navarre, de Mouzon, a obtenu des feuilles de vigne de 28 centimètres de diamètre, un melon d'une grosseur extraordinaire pour le pays et d'une bonté rare, arrosé avec la solution de l'engrais chimique, procédé Bickès, des carottes, des betteraves bien supérieures qu'avec le fumier. Bref, toutes les personnes qui se sont servies de la poudre chimique de M. Bickès lui reconnaissent une vertu supérieure au fumier.

» Fait à Meuzon, le 14 septembre.

» *Signé :* Jesonne Henry.

» P. S. — Après la récolte des pommes de terre, je vous ferai mention de ces tubercules.

» Meuzon (Ardennes), le 14 septembre.

» Jesonne. »

Extrait d'une lettre de M. Dufaure de Montmirail à M. Andoux.

N° 100. — « J'ai remarqué hier, en passant dans un champ de blé semé d'après le procédé Bickès, que chaque pied de semence avait déjà cinq ou six tiges et que les feuilles étaient plus larges que celles des grains non préparés. Il y a tout lieu de croire que les progrès de la culture seront encore plus sensibles dans 2 ou 3 mois. Désormais pour moi et pour toutes les personnes sensées, la question de la culture sans engrais est résolue ; il ne reste plus qu'à convaincre par l'expérience les gens inexpérimentés, pour faire triompher le système Bickès, qui est le seul qui puisse produire une amélioration notable de la propriété.

» La Souterraine, le 13 novembre.

» *Signé :* DUFAURE DE MONTMIRAIL. »
Aubigny, près Falaise, le 25 septembre.

N° 101. — « Monsieur Bickès, j'ai cru devoir vous donner connaissance des observations que j'ai faites depuis quelques jours ; le mauvais temps a empêché les effets de vos poudres en plusieurs lieux ; parmi les essais que j'ai faits, je puis citer les suivants ; il faut remarquer que c'est le 8 juin que les premières poudres me sont arrivées.

» 1° Sur les melons, j'ai mis sur un bon nombre de pieds de la poudre en liquide comme pour les arbres. Mes melons étaient très beaux, le jour où je remis à M. Robelin un petit mot que vous avez honoré de la publicité. Ce fut aux premiers jours de juillet que nous eûmes une trombe de vent glacial, suite d'une grêle qui a ruiné Lassay et 33 autres communes des environs. Tous les melons que ce vent a frappés sont morts dans leurs racines, la vie s'est conservée dans leurs feuilles, mais ils ont été trois semaines sans végétation. — M. Aumont, jardinier distingué, avait plus de deux cents pieds de melons, d'une espèce plus forte de moitié que les miens. Il attendait 700 à 800 melons, mais il n'en a pas eu la moitié de ce que j'ai eu, en proportion du nombre. Ils étaient moins gros que les miens qui, cependant, étaient dans une position bien moins favorable. Les pieds qui ont eu de l'engrais Bickès ont tenu plus longtemps contre les gelées, qui ont tout dérobé dans les 15 jours que nous venons de traverser. — Il y en a encore des vivants. — J'ai eu aussi des potirons de 30 kilogrammes, personne n'en a de si beaux cette année.

» 2° J'ai planté un pêcher qui a une végétation curieuse et des feuilles de 18 centimètres de longueur, et d'une couleur presque noire. Il était très chétif lors de la plantation. — J'ai eu sur de vieux pêchers des fruits plus beaux que d'ordinaire.

» 3° J'ai planté 20 poiriers qui étaient assez chétifs. Ils sont verts maintenant et couverts de bourgeons pour l'an prochain.

» 4° J'ai des cerisiers qui ont fait des pousses de plus de 1 mètre.

» 5° Une vigne a poussé un scion de 4 mètres et j'ai des chasselas

de 23 centimètres de longueur, 28 centimètres de grosseur et
300 grammes de pesanteur. Ce sont les plus belles d'Aubigny.

» 6° J'ai cueilli aujourd'hui des pois-haricots à fermier, qui ont
14 centimètres de longueur et 3 centimètres de grosseur, même
15 centimètres de longueur et quatre de grosseur, et enfin 15 centimètres de longueur et 4 centimètres 5 millimètres de grosseur.
C'est étonnant avec les mauvais temps que nous avons eus.

» Nos grosses fèves ayant été détruites par le puceron, à une autre
année le rapport.

» Succès obtenus depuis trois semaines par le curé d'Aubigny,
membre des sociétés savantes par l'emploi des poudres de M. Bickès :

» 1° Sur un melon cantaloup j'ai versé quatre centilitres de la
composition mise en liquide. C'était le 8 juin dernier. La plante était
un peu triste le jour suivant ; le second jour elle était vigoureuse.
Maintenant, elle est d'une luxuriante venue ; les bras, de trente et
quelques centimètres d'étendue, avaient un pouce de grosseur ;

» 2° Des graines de melon ont été arrangées selon la prescription
de M. Bickès ; 15 jours après, les plantes étaient deux fois plus fortes
que celles qui n'avaient point eu de préparation.

» 3° Sur de grosses fèves, les pieds qui ont reçu la préparation, ont
6 à 8 centimètres de hauteur au-dessus des autres. — Je donnerai
bientôt d'autres détails.

» Signé : NOGET,

» Membre de la Société d'agriculture de Caen et
de plusieurs autres sociétés. Médaillé par le
gouvernement pour la culture du melon.

» A Caen, le 28 juin, après une inspection aux environs de
Lisieux, sur beaucoup de plantes de melon de 2, 3, et même encore
plus de pieds à la fois, dont la venue est admirable. »

N° 102. — Extrait d'une lettre de M. Noget, curé d'Aubigné, à
MM. Roblin et Tillon, à Caen, en date du 12 octobre :

« Rassurons-nous, messieurs, il y a partout du succès, même dans
le Calvados, à la barbe des incrédules.

» Les haricots placés sur le bord de la route de Falaise à Caen,
semés le 20 juin dernier, ont été admirables, quoique dans un terrain qui depuis 7 ans n'avait eu aucun engrais. Ils sont cueillis
d'hier. Les gousses et les graines sont plus belles que celles de mon
jardin ; rien pourtant ne venait sur ce terrain.

» Ma vigne est d'une vigueur admirable, le raisin tout à fait beau,
une espèce précoce, qui seule a bien mûrie cette année, était exquise.
Une pousse de vigne a près de 5 mètres de longueur ; je la conser-
verai pour qu'on puisse la voir toute l'année. — Un misérable abri-
cotier, depuis 3 ans, n'avait pas poussé 50 centimètres de longueur,
quoique replanté cette année. Il a fait plus d'un mètre de pousse ; il
végète encore. — Mes poiriers ont la feuille presque ronde, d'un
vert foncé, les fruits sont meilleurs que les autres années. Mes pêchers sont superbes, les fruits n'ont pas eu besoin de sucre. Un petit
pêcher rabougri a pris une nouvelle vie ; j'en suis étonné. — Mes

cerisiers ont une vigueur inaccoutumée. Les fruits ont été admirés par leur beauté.

» Faut-il que le manque d'engrais convenable m'ait empêché d'essayer sur la pomme de terre, sur la betterave, sur les carottes et bien d'autres choses? — A l'an prochain. — Adieu, messieurs, les difficultés n'empêcheront pas la réussite de l'admirable invention de M. Bickès. Elle vaut mieux que les mines de la Californie. — Tout à vous, tout dévoué à notre immortel inventeur.

» *Signé :* Noger,

» Curé d'Aubigny. »

———

Nº 103. — « Je ne puis encore vous parler que très peu des essais faits en septembre et octobre sur seigle et froment, attendu que je veux voir de quelle manière les plantes vont se développer au printemps. J'ai bon espoir, car je remarque dans la racine des plantes préparées par votre procédé, un chevelu très épais ; elles sont ligneuses et longues, le brin ou corps de la plante est fort et vigoureux, bien nourri, ce qui me fait espérer que j'aurai parfaitement réussi.

» Sur des pieds de seigle non préparé, j'ai compté jusqu'à 5 tiges naissantes, et sur ceux préparés (même champ), j'en ai compté jusqu'à 12, et ceux-là ne sont pas rares. Partout où j'ai essayé votre poudre, je n'ai pas fumé avec d'autres engrais.

» Saint-Vinebault, le 13 février.

» *Signé :* Bondard.

———

Nº 104. — « Je soussigné, proriétaire à Sainte-Croix-les-Lemons (Sarthe), certifie que j'ai semé du blé préparé avec l'engrais Bickès, et, conformément à ses instructions, dans du sable fin tiré d'un puits et placé à la surface du sol sur une épaisseur d'environ 20 centimètres, et qu'il n'y avait pas de meilleur blé dans les meilleures terres de Mans, et de l'orge préparé avec le même engrais dans un terrain sableux. J'ai obtenu une récolte d'expérience qui présente des rales en blé de 10 à 12 tiges, et en orge de 40 à 50.

» En foi de quoi j'ai signé le présent certificat, comme constatant la plus exacte vérité, et à l'appui duquel j'ai adressé à M. Bickès des échantillons en nature.

» A Sainte-Croix-les-le-Mons, le 20 août.

» *Signé :* Fleury.

» Vu pour légalisation de la signature Fleury.
» Sainte-Croix, le 23 août.

» *Signé :* Olentier,

» Adjoint. »

(L. S.)

———

N° 105. » — Je soussigné, cultivateur à Morgalan, commune de Ceton, département de l'Orne, certifie que j'ai semé un arpent de bonne terre, en deux parties égales, — une moitié fumée ordinairement, et l'autre moitié semée avec du grain préparé avec l'engrais Bickès. — Or, la récolte des deux blés était parfaitement aussi belle l'une que l'autre en paille et en grains. C'est pourquoi j'ai signé la présente attestation comme conforme à la vérité.

» A Morgatan, le 21 août.

» Signé : Désiré Méliand.

» Vu pour légalisation de la signature de Désiré Méliand, domicilié en cette commune, par nous, maire de cette commune.

(L. S.) » Signé : Courtois. »

———

Rives, le 24 février,

N° 106. — « Je viens de recevoir à l'instant (24 février), une lettre de M. Marmy, gérant des propriétés de M. Coneau, dont je vous donne un extrait : « Les résultats obtenus l'année dernière ont été satisfaisants, surtout en haricots et pommes de terre; les résultats en pommes de terre seraient fabuleux si, au lieu de sécher les tubercules dans la cendre tamisée, on les avait séchés dans la poudre, comme vous l'indiquez pour la graine de garance ; je fis cette épreuve l'année dernière sur quelques plantes ; la moindre eut 30 tubercules et tous très gros ; — nos haricots firent l'admiration de tous ceux qui les virent. Voilà, monsieur, pour l'année dernière ; quant à nos espérances de cette année, elles s'annoncent bien ; nos blés sont de toute beauté, beaucoup plus beaux que ceux ensemencés avec le fumier. Il est vrai que nos pommes de terre ne sont point gâtées cette année.

» Agréez mes salutations empressées.

» Signé : Bergeret. »

———

Meaux, le 31 mars.

N° 107. — « Monsieur, j'ai soigné moi-même la semence, les blés sont venus et paraissent au moment présent d'un vert foncé et promettent ; c'est ce qui sera bien si cela se soutient. — Mais nous avons beaucoup de peine pour déterminer nos marottes de cultivateurs, car ils ne veulent point se persuader qu'on puisse faire venir sans fumer avec des fumiers ordinaires.

» Aujourd'hui, je désire continuer l'épreuve de votre engrais pour les semences de la saison, en pommes de terre, blé de Turquie et blé noir (sarrasin).

» Vous voudrez bien m'envoyer cet engrais avec instruction.

» Sachier père,

» Avocat. »

Avignon, le 30 janvier.

N° 108. — « Monsieur Bickès, fondateur de la culture sans en-grais, à Paris :

» Je vous renouvelle que je suis plus qu'encouragé ; j'espère que je recevrai au plus tôt la poudre dont j'ai besoin. Mon ami est tou-jours dans la même volonté ; son sainfoin a parfaitement bien réussi, il est magnifique ; aussi est-il encouragé. — L'esprit est que votre en-grais est bon, quoique les propriétaires aient été tellement dupés par un grand nombre de filous, qu'ils ont toujours peur d'y retomber ; malgré cela, comme je vous le dis, l'esprit est que votre système est bon. N'oubliez pas de m'instruire de l'application de l'engrais aux luzernes, spécialement à celles qui sont en activité.

» Signé : MANNIVET. »
Dormans, à Marne, avril.

N° 109. — « Suivant lettre, envoyez deux plantes de froment, l'une de 30 et l'autre de 80 tiges.

» Signé : LESAINT. »
Agen (Lot-et-Garonne), mai.

N° 110. — « Je sors de chez l'imprimeur pour faire insérer un article vous concernant, et je dois dire que la récolte des blés est des plus florissantes et plusieurs propriétaires dans l'enchantement.

» Signé : FONTENILLES. »

Aubigny (Calvados).

N° 111. — « Le froment montre 15, 20 et 25 tiges sur un pied. »

Dormans, à Garne, mai.

N° 112. — « Je suis heureux de vous annoncer que votre système fait des progrès miraculeux, et le paysan est impatient de voir la moisson, il n'y a que cette preuve qui finira par triompher de l'in-crédulité du paysan.

» Nous marchons vers le progrès, le succès nous est assuré, et nous arborerons dans quelque temps l'étendard de la victoire indus-trielle ; allons, marchons ; quoiqu'en disent vos concurrents, la terre renferme dans son sein, dès ce moment, une Californie.

» Signé : LESAINT, fils. »
Doulevant-le-Château (Haute-Marne), mai.

N° 113. — « Nos ensemencements sont en général superbes. »

» Signé : ROLET. »

Mazerolles, Vienne, juin.

N° 114. — « J'ai une heureuse nouvelle à vous annoncer. — Le blé semé avec votre procédé est devenu très vert depuis une quinzaine de jours, dans plusieurs localités, il est même supérieur au blé fumé ; chez un de mes voisins, il dépasse beaucoup le blé fumé, quoique ce dernier ait été supérieur en hiver. — Les personnes qui faisaient des reproches sont venues me dire qu'elles reconnaissent maintenant la qualité de la poudre, et que si leur blé n'avait pas été beau en hiver, c'était qu'elles avaient semé un peu tard. — Elles sont bien disposées cette année à suivre en tout point vos instructions sur l'époque des semailles.

» La commission générale du département doit venir dans ce mois à Mazerolles pour juger le concours sur l'engrais et le mentionner honorablement dans son rapport. »

Argueil (Seine-Inférieure), juillet.

N° 115. — « M. Delamarre, propriétaire, a du blé magnifique, sur un décompart d'avoine sans fumier.

» *Signé :* Caclard,

» Chevalier de la Légion d'Honneur. »

Aubigny (Calvados), août.

N° 116. — « Avoine, seigle et froment 20, 30 et 35 épis sur un pied. — J'en conserve des plantes pour les montrer aux curieux et pour juger du terrain qui les a produits. J'ai eu l'audace de me présenter à la ferme-modèle avec des blés beaux et bien tallés. — Nos efforts seront récompensés et les ennemis en seront pour leur défaite ; c'est ce qu'ils méritent. Que de mal on m'a dit de vous ! Que d'injures j'ai reçus ! Oh ! race humaine, que tu es ingrate ! Je vous dirai qu'il n'est pas d'heure dans le jour que je ne pense à vous, à votre culture, aux désagréments que vous éprouvez. Dites-moi ce qu'est devenue la tracasserie des procédés du rapport Payen, etc.

» Je vous recommande à Dieu.

» Abbé Noget,

» Desservant d'Aubigny. »

Paris, 14 novembre.

» Monsieur Bickès,

N° 117.—« J'ai le plus grand plaisir à vous apprendre que les pommes de terre plantées le 1ᵉʳ septembre dernier dans le plus mauvais terrain de la propriété de ma sœur (madame la duchesse de Grammont), à Chambourcy (près Saint-Germain), sont déjà assez grosses pour être mangées. Le peuplier qui a été transplanté et copieusement arrosé par votre solution, est aujourd'hui le seul du pays qui ait encore dans ce moment des feuilles vertes comme au printemps.

» Vous devez être satisfait, car nous le sommes complétement.

» Votre dévoué,

» Comte d'Orsay. »

———

Nº 118. — « Je soussigné Georges, jardinier de madame la duchesse de Grammont, certifie que j'ai semé, le 4 novembre, au système Bickès, de la vesce et du seigle dans un terrain de sable brûlant, où il n'y avait pas de fumier depuis 2 ans ; la vesce a dépassé 4 pieds et demi de hauteur, le seigle, 6 pieds, bien vert et bien poussant, la vesce et le seigle ont été coupés du 15 au 30 mai comme fourrage vert pour les animaux.

» Chambourcy, près Saint-Germain, le 31 mai 1851.

» *Signé :* Georges »

« Je certifie, en outre, que j'ai également semé du seigle seul, le 4 novembre, que le seigle a été semé dans un mauvais sable longeant une ancienne châtaigneraie, que ce sable est envahi par les racines des châtaigniers ; le seigle a été semé au système Bickès, il dépasse, au 30 mai, 6 pieds de haut avec épis de 7 pouces longs ; je crois que le seigle n'a pas encore atteint sa hauteur, il pousse bien vert.

» Chambourcy, le 31 mai.

» *Signé :* Georges. »

« J'ai, en outre, semé des petits pois dans du sable au système Bickès, ils sont beaucoup plus forts que ceux que j'ai semés dans du bon terrain bien fumé.

» Chambourcy, le 31 mai,

» *Signé :* Georges »

———

Nº 119. — « Messieurs les membres de la Société d'agriculture de Falaise, réunis le 17 août dernier, je viens de lire un article inséré dans le *Journal de Falaise*, le 29 août, dans lequel j'ai vu comment on a reçu le rapport que M. Lair, secrétaire de la Sociéte d'agriculture de Caen, m'avait chargé de faire, et je réclame contre l'interprétation que vous avez donnée à ce rapport : je maintiens ce que j'y ai dit, et je soutiens que les poudres Bickès peuvent avoir de bons effets ; mais elles ne le peuvent quand elles sont employées trop tard, car alors elles n'ont pas le temps de produire un tallage considérable, ce qui a lieu quand on sème par beau temps, en septembre et octobre ; on voit alors 8, 10, 12, 15 tiges sur un même pied, et cela avant Noël ; au mois de mars, avril et mai, chaque tige se multiplie encore, et il n'est pas rare de trouver 20, 30, 40 épis et plus sur le même pied. Quand on sème pendant les pluies, les graines perdent les poudres qui les entourent et ne peuvent bien réussir.

» Messieurs les membres qui ont demandé la parole ont été

trompés dans les poudres qu'ils ont employées, ou ont fait des fautes dans leurs cultures, car ce qui a réussi des milliers de fois dans de nombreuses localités, ce que j'ai fait réussir plus de 50 fois ces dernières années, ne peut manquer sans des fautes ou de mauvaises poudres. Quant à ce qu'ont pensé, à l'unanimité, les membres de la Société, qu'il faut attribuer à d'autres causes les bons effets contenus dans mon rapport, je puis vous assurer, Messieurs, qu'ayant été prié, le 7 septembre, par M. Bickès, de faire prendre son système de culture dans nos contrées, j'ai accepté son offre et ai très scrupuleusement exécuté son système, que j'ai profondément étudié. J'ai praliné les semences et les ai données à différentes personnes pour qu'elles les sèment elles-mêmes. D'autres ont praliné leurs semences et les ont mises en terre ; M. Lebourgeois, à Longpré, M. d'Aïcourt, à Bons, ont préparé et semé leur seigle, froment et avoine, et ces messieurs m'ont donné des plantes pour vous convaincre de leurs succès.

» M. Aumont, jardinier au château d'Aubigny, a reçu de moi de quoi ensemencer un are de froment, il a répandu ses grains sur un terrain sans fumier et a hersé ; venez voir quel froment il a récolté. Je l'ai acheté pour vous le faire voir, il est le plus beau de la paroisse ; je l'ai arraché pour que l'on voie le tallage. Je puis vous montrer, venus sur le terrain de diverses personnes, du froment, du seigle, de l'avoine, de l'orge, du sarrasin, des porreaux, des oignons, des carottes, des pommes de terre, des vignes, des poiriers, des cerisiers, etc., etc.

» Venez donc voir, Messieurs, autrement, bientôt, nos enfants, jouissant de la découverte Bickès, nous blâmeront, et avec justice. Ce n'est pas pour arrêter le progrès que vous êtes réunis en société : je vous le jure par mon expérience, Bickès triomphera, ainsi que ses imitateurs.

» J'ai éprouvé leurs poudres, j'en sais les bons effets.

» Je suis, Messieurs et chers collègues, tout à vous,
» Le 6 septembre.

» Signé : NOGET,

» Desservant à Aubigny (Calvados). »

Nº 120. — « Nous soussignés, certifions que l'engrais Bickès, employé même très tard, au commencement de novembre, a pourtant eu des résultats tout à fait avantageux avec les 3/4 de la semence. Le blé semé ainsi, dans une terre bien préparée, sans fumure, a surpassé, par la hauteur de la tige et la grosseur des épis, l'autre blé, semé en terrain de même nature, mais fumé.

» Il est probable que s'il avait été semé plus tôt, selon les instructions de l'inventeur, la moitié de la semence aurait suffi.

» Sans vouloir déprécier l'engrais de la fumure ordinaire dont les parties se décomposant dans le sol doivent servir à l'ameublir et à le rendre plus spongieux, nous aimons, néanmoins, à rendre hommage à la vérité en constatant un véritable succès au nouvel engrais Bickès, et à témoigner à l'inventeur notre sincère gratitude pour ce nouveau tribut apporté au progrès. Quant aux sociétés savantes qui n'ont vu dans cet engrais qu'un excellent chaulage, ne dispensant nullement de fumure, nous ne doutons pas qu'elles se voient obligées, à force d'expériences, de lui rendre un plus favorable témoignage.

» Sébécourt (Eure), le 1er août.

» L'abbé TOUCHARD, curé ;
» LEBLANC, curé de Romilly-la-Pattenaye ;
» DESSAUX, cultivateur à Romilly ;
» OLIVIER, propriétaire à Sébécourt ;
» LACOUR, propriétaire. »

RÉSULTATS DU MIDI.

Rapport de M. Audoux.

N° 121. — « J'ai eu l'honneur d'envoyer un aperçu de ce que j'ai eu et vu à la Souterraine, à Aix et à Avignon. Je serais bien heureux que vous l'ayez ; cependant, voici, en abrégé, ce que je puis affirmer et ce que chacun a vu.

» J'ai récolté le blé semé en 1850 par le jardinier de la ville (jardin public d'Aix). Ce blé, préparé suivant votre système (Bickès), a été mis dans des trous, grain par grain, et a donné le résultat suivant :

» Sur 300 grains semés, plus de 200 pieds donnaient le résultat que voici : les moindres pieds avaient 50 tiges et les plus forts 161. Ces derniers pieds avaient plus de 140 épis, dont les petits avaient 15 centimètres et les plus grands 24 centimètres de longueur.

» Cela parut si extraordinaire aux amateurs et cultivateurs, qu'on vola beaucoup de ces épis avant la maturité, et après, moi-même j'en donnai à diverses personnes *et surtout à différents prêtres*. C'est surtout d'un blé dont l'épi est gros comme un œuf et à l'entour duquel il en est poussé 15 ou 20 petits autres, qu'on dévastait ; cependant j'avais de tous.

» Ces plantes ont au moins 200 pieds, jugez de la lourdeur du volume, puisque l'homme qui le porta fut obligé de faire trois voyages.

» La hauteur des tiges était de 2 à 2 mètres 5 centimètres, fortes et droites ; les épis eurent, comme je vous le dis, 15 à 20 centimètres ; plus de 150 de ces pieds passaient 85 tiges.

» Il y avait à peu près 60 pieds de 10 à 37 épis. La paille était grosse comme des roseaux, peu propre à la litière ou aux couvertures. Quand je dis comme des roseaux, j'entends de ceux gros comme le petit doigt.

» Des fleurs ont été bien plus belles qu'avant et avec le fumier. Quelques arbres souffrants furent sauvés au moyen de la poudre.

» Des arbres, sur le rocher d'Avignon, condamnés à être arrachés, ont été sauvés au moyen d'une dose de votre poudre, etc., etc. Si je pouvais tout vous dire, je n'en finirais pas.

» J'ai remarqué aussi souvent des non-réussites, mais en se faisant expliquer la manière de s'en servir, on reconnaissait ou qu'on avait mis trop d'eau ou trop de semence pour la poudre à employer.

» Enfin, Monsieur, je puis vous assurer que je ne doute pas de la bonté de votre sublime découverte. J'en ai des preuves irrécusables.

» Si vous avez besoin d'autres renseignements, soyez assez bon pour me le dire.

» B. Du blé mentionné ci-dessus, nous pouvons montrer des échantillons dans notre bureau. »

La Blotière-Vendée, le 24 septembre.

« Monsieur Reau fils, marchand grainetier à Paris.

N° 122. — « Je m'empresse de répondre à votre lettre du 14 septembre que je reçois à l'instant.

» L'engrais Bickès m'a parfaitement réussi sur des carottes champêtres.

» Aujourd'hui je fais du seigle préparé avec le même engrais ; s'il vous convient de connaître les résultats de cet essai, je suis tout à vos ordres.

» *Signé* : DE THÉRONNEAU. »

Copie de le lettre adressée par madame veuve Moutier de Niderviller (Meurthe), le 29 janvier, à M. Lebray, de Céton (Orne).

« Monsieur,

N° 123. — » Pour satisfaire à vos désirs, je vais vous donner les résultats obtenus l'année dernière au moyen du procédé Bickès, que vous pourrez apprécier.

» Au mois de mai, seulement, j'ai semé sur 10 ares 20 litres d'avoine qui ont produit un rendement en mauvaise terre de 225 litres. La même année, j'ai semé tardivement encore un hectolitre de pommes de terre qui a rendu, en mauvaise terre, 6 hectolitres ; vous faisant observer que le rendement aurait été plus considérable, mais la terre était tellement dure que la végétation en a été fortement affectée.

» J'ai semé en automne dernier du blé, et s'il vous était agréable d'en connaître le résultat, je m'empresserais de le faire.

» Une première expérimentation ne me paraissant pas suffisante pour vous convaincre et vous engager à cultiver la quantité de 15 hectares, écrivez-moi quand il sera temps de semer le blé cette année, et je vous répondrai. Je planterai aussi cette année 40 ares de pommes de terre et vous ferai aussi connaître les résultats ; ce qu'il y a de positif, c'est que la poudre végétative préparée par M. Bickès agit avec beaucoup d'énergie sur les plantes ; je vous dirai que les blés sont moins faciles à se coucher quand ils sont un peu épais, car j'ai remarqué que les tiges de l'avoine étaient dures comme du bois et présentaient une solidité très remarquable ; dans tous les cas, je vous conseille de ne pas trop divulguer les avantages d'une pareille découverte, car, à mon avis, les bénéfices qu'elle doit procurer seraient nuls si le procédé Bickès était généralement adopté.

» J'ai l'honneur, etc.

» *Signé* : Lebray. »

———

Copie de la lettre adressée le 3 février, par M. Benjamin Bouland, d'Yvoy, à M. Lebray, cultivateur, à Céton (Orne).

« Monsieur,

Nº 124. — « Vous me demandez, par votre lettre, des renseignements sur les engrais de M. Bickès, dont j'ai fait l'essai sur une récolte de seigle qui a très bien fait ; j'ai récolté dans 1 hectare 400 gerbes où j'en recueillais autrefois 200, fumé avec les engrais faits chez moi. J'en fais l'essai cetre année pour la seconde fois. Je désire qu'il prospère dans votre pays comme dans notre Sologne.

» J'ai etc., etc. »

———

A la Bayette, près Toulon, juillet.

Propriété de madame Christophe Colomb, extrait de ses lettres à son fils, M. Christophe Colomb, à Paris.

26 avril.

Nº 125 — « Par suite de la sécheresse, les blés, en général, souffrent énormément, et jamais la récolte ne s'est montrée sous de plus mauvais auspices, les tiges sont jaunes, le tout est pointu, étiolé, rachitique, etc., etc.

» Le blé préparé par le système Bickès et semé dans un petit champ isolé, le 5 janvier seulement, c'est-à-dire deux mois après les autres blés, se comporte assez bien, il est grappé (tallé) et vert. »

3 mai.

« Le blé Bickès est toujours bien vert, tandis que tous les autres sont généralement maigrelets et atteints de rachitisme. »

31 mai.

« Le blé Bickès est toujours bien vert, sa tige est beaucoup plus grosse et la feuille plus large que dans les blés semés par nos procédés ordinaires. »

10 juin.

« Le mauvais temps nous a enlevé beaucoup de blé, il en est dont l'état fait pleurer. Le blé Bickès est bien vert. »

21 juin.

« Les pommes de terre viennent avec beaucoup de force et sont bien vertes ; les melons ont quelques feuilles ; les pommes d'amour sont également fort belles. — Les haricots blancs et noirs sont aussi fort jolis, nous n'en avons jamais eu d'aussi beaux. — Propriété possédée depuis 40 ans. — La terre végétale est très faible, qui couvre les rochers de schistes talqueux, etc. — Le maïs est beau. »

5 juillet.

« Le blé Bickès est encore un peu vert, il y a des tiges qui ont un mètre et demi. Depuis que ma tante Marie est ici, elle n'a cessé d'aller visiter le blé Bickès, ainsi que les haricots, pommes d'amour, pommes de terre, melons, etc.; rien n'approche au vert et à la force de toutes ces plantes, mises, cependant, si tard en terre. Comme j'en juge moi-même par leur développement journalier, elle me dit : — On voit tout cela croître en le regardant.

» Nous avons des plantes de blé ci-dessus dont les épis ont le double des autres du pays, comme nous pouvons montrer un échantillon. »

Paris, 11 septembre.

A M. Leroy.

N° 126. — « Je m'empresse de vous annoncer que les pommes de terre que j'ai fait planter avec la poudre Bickès sont très belles, et sans être atteintes le moins du monde de la maladie, mais sont toutes mal partout ailleurs, et que le maïs, semé également avec la poudre, est d'une telle beauté et grosseur, qu'il fait l'admiration de tous ceux qui le voient et qu'il attire une foule de curieux.

» Je vous envoie ces renseignements parce que je sais qu'ils vous feront plaisir.

» L'abbé GRANJARD. »

N° 128. — « M. Denis Bolen, à Failly, près Lamotte-Beure (Sologne), (Loir-et-Cher), a ensemencé le 1er juin un colza que j'ai importé en France, qu'il a récolté le 10 août. Ces plantes avaient un mètre de hauteur et la graine fut d'un poids de 70 kilos l'hectolitre, pendant que celui du colza ordinaire de l'hiver ne pèse pas 66 kilos.

» Voir le même résultat de M. René à Clamart, près Paris.

N° 129. — « Ce colza quarantin a été semé fin juin (du 26 au 30) sur un terrain sec, sous-sol sableux, après récolte de pommes de terre. Il n'y a pas eu d'autre arrosage que l'eau du ciel. — Il a été récolté le 5 septembre sur le domaine du Quadratin, à Clamart, près Paris.

» Ce 13 septembre 1861.

» Pour M. René, directeur de la fonderie générale,

» *Signé* : II.-E. RENÉ, fils. »

N° 130. — « Nous, maire et conseillers municipaux de la commune de Chalifert, canton de Lagny, arrondissement de Meaux (Seine-et-Marne), voulant rendre hommage à la vérité d'une expérience que M. de la Croix, légiste érudit, économiste profond et membre de plusieurs Sociétés savantes, et à M. l'abbé Galland, notre curé, ont fait d'un engrais connu sous le nom d'engrais Bickès, certifions : 1° que cet engrais ayant été appliqué à de l'orge chétive, à des pommes de terre, à des haricots et à des navets, au lieu dit de notre territoire, la Cour de Constantine, dans une terre généreusement offerte par Mme Labour, et bien que l'orge ait été semée et les pommes de terre plantées plus d'un mois trop tard, et quoique le terrain fût dans un très mauvais état de culture, n'ayant pas été fumé de temps immémorial et de sa nature très pierreux et très léger, cependant la venue et le rendement de ces diverses terres ont été, et pour la quantité et pour la qualité, bien au-dessus des meilleures terres du pays ; 2° Aux Terfanes, des pommes de terre ayant été sur tout notre territoire attaquées de la maladie, ont séché en moins de huit jours, tandis que celles de celles-ci ne l'ont été qu'imperceptiblement et n'ont séché que naturellement avec la marche graduelle et ordinaire de la maturité du tubercule, qui a été magnifique, abondant et au-dessus de toute espérance.

» Prospère Gancet, jardinier chez Mme Labour, propriétaire à Chalifert, nous a assuré que, ayant essayé, à l'instigation de M. de la Croix, de ce merveilleux engrais sur deux graines de melons, il en avait obtenu un résultat presque miraculeux, par une maturité hâtive de plus de deux mois sur ceux de la même espèce, par une grosseur de plus du double de celle de l'ordinaire et par une finesse et une douceur de parfum incomparables, dont ses maîtres lui firent mille compliments.

» Chalifert, 18 octobre.

> » *Signé*, Paran, N.-J. Paran, F. Darche ; L. Avril,
> Darche, adjoints ; Guillot, L.-F. Avinegaque,
> J.-P. Mangeat, Chevalier ; Guillot, instituteur ;
> P. Gancet ; B. Galland, curé ; Géran, maire.
> » Le Secrétaire de la mairie. »

N° 131 — « Notre instituteur est très content de l'application qu'il a faite de l'engrais Bickès, et il m'a chargé de vous en témoigner dans l'occasion de nouveau sa vive reconnaissance. Il est incontestable que cette invention est une découverte précieuse, qui, tôt ou tard, aura du retentissement.

» Je suis heureux, Monsieur de Lacroix, d'avoir l'occasion de vous renouveler les sentiments d'estime et d'affection avec lesquels j'ai l'honneur d'être votre tout respectueux et tout dévoué serviteur.

> » *Signé* : B. Galland,
> » Curé desservant. »

No 132. — « M. le comte PORRO écrit d'Italie à M. Borrelly, ancien procureur général à la cour d'Aix (Bouches-du-Rhône) :

» Le maïs que j'ai semé avec la poudre Bickès, que vous m'avez envoyée, est d'une belle venue.

» Je veux expérimenter sur le blé, les légumes et la prairie ; envoyez-moi la poudre nécessaire ; si cette deuxième épreuve me réussit, je ferai avoir un brevet pour tenir un dépôt en Italie.

» Je vous informe que les trois cents plançons de choux que j'a' trempés dans le liquide Bickès, prennent un grand développement. J'ai eu le tort de mettre une partie sur une terre déjà fumée, ceux-là ont été retardés en partie à cause de la sécheresse et du manque d'eau pour les arroser. A présent, ils prennent une vigueur supérieure à celle de leurs confrères que j'ai mis à côté sur la même terre.

» Ceux que j'ai échenillés en juin dernier, sur terre non fumée, bien qu'ils aient manqué d'eau, sont *trop vigoureux*, on aperçoit des feuilles presque noires, et ils sont très gros.

» Je vais mieux m'appliquer à suivre vos instructions, car je vois que cette poudre me sera d'un grand secours et surtout d'une grande économie.

» Je vous prie de mettre de côté deux paquets pour semer une charge de blé, car j'ai entendu dire par des cultivateurs que cette poudre a produit de beaux résultats.

» Signé : Comtard,

« jardinier. »

Cité de Savigliano, près Turin.

No 133. — 18 *août*. « Je viens vous rendre compte de l'expérience faite avec la poudre que vous avez eu la bonté de m'expédier au mois de mai dernier pour la culture du maïs.

» J'assure une très belle réussite pour la récolte, la végétation est belle, la canne surpasse tout ce qu'on peut désirer, il y a généralement plus de quatre régimes sur chaque plante.

» A l'automne, je vous donnerai de meilleurs renseignements. »

» Signé : Trajano Ludovica,
Capitaine de la garde nationale. »

Savigliano, Sardaigne, mai.

No 134. — « Je vous assure que votre système commence à prendre bonne idée, parce que le froment fait beaucoup de tiges, comme vous me l'avez annoncé aussi. — Pour l'automne, j'espère avoir à vous donner de fortes commandes.

» Signé : Trajano Ludovica,
Capitaine de la garde nationale. »

6

Angleterre, Reading Mercury.

Le colonel Blagrave au Rédacteur.

N° 135. — « Beaucoup de vos amis ont certainement un grand intérêt dans les différentes expériences faites dans le but louable d'accroître les produits du sol, et je suis de ceux qui pensent que tout essai tendant à rendre notre pays indépendant des grains étrangers, en cas de guerre, mérite d'être éprouvé. — Je vous préviens par la présente des résultats de la découverte d'un agronome très instruit, nommé Bickès, bien connu et respecté à Bruxelles et à Mayence, qui a été introduit chez moi par un négociant connu dans le monde mercantile de la cité de Londres.—Le jour de l'ensemencement, M. Bickès est venu avec son domestique et a apporté les semences, qui ont été ensemencées dans l'ordre suivant : un champ de qualité très inférieure, et pas engraissé, fut ensemencé de sarrasin, de lin, de navets, de vesces, de colza et de pommes de terre. — Le sarrasin et le lin sont très abondants et ont mûri malgré le temps froid ; les navets sont bons pour la saison ; les vesces ont été mangées par les lapins ; le colza aurait fourni un rendement extraordinaire, s'il avait été bien cultivé ; et les pommes de terres, comparées à d'autres, ont montré évidemment la propriété fertilisante de la préparation de M. Bickès.

» Le tout se trouve près de la maison de mon garde-forestier et mérite bien l'attention des fermiers.

Calcut-Park, 24 septembre.

» *Signé* : Blagrave,
« Propriétaire, colonnel de la garde. »

Hamstead-Bury, Redburn, Hertfordshive, 28 septembre.

N° 136. — « Ayant vu les ensemencements que vous avez faits en Essex et Hampshire, bien qu'ils n'aient pas été bien soignés, je suis convaincu que vous avez fait une importante découverte, et je désire et j'ai l'intention d'étendre la connaissance de votre invention et d'ensemenser autant d'acres que vous voudrez en préparer pour la saison d'ensemencement, et je connais beaucoup de fermiers qui ont l'intention de suivre mon exemple ; mais il est nécessaire que la semaille soit immédiatement préparée, parce que la saison pour le froment est arrivée, et j'espère que vous ne tarderez pas à satisfaire à ma demande.

» *Signé* : T-V. Overman. »

Procès-verbal.

Wanstead-Essex, 16 mai.

N° 137. — « Orge ensemencé, 72 yards long et 12 yards large.
Trèfle rouge, l'ensemencement a été fait par le domestique de M. Bickès.

Sarrasin, 65 yards et 21 yards large, ensemencé par le domestique du comte Mornington, à la réquisition de M. Bickès.

Ray gras et trèfle rouge, 52 yards long et 28 yards large.

Luserne, 36 yards long et 9 1/8 yards large.

Pommes de terre, 65 yards long et 2 yards large.

En présence des soussignés :

Fils Wellington, marquis de Douro ; comte Mornington, V.-L.A. Robins, solliciteur ; Richard-Bartlay, régisseur en chef des domaines du comte Mornington. »

Wanstead-Park, 11 octobre.

Nº 138. — « Je certifie que la préparation de semence, blés, racines, etc., de M. Bickès, si elle est bien appliquée, est une fertilisation fort utile pour le terrain pauvre, comme il a été prouvé ici au sarrasin, à l'orge, aux pommes de terres, etc.

» Signé : Richard-Bartley,

« Régisseur du comte Mornington. »

Forke-Mornington. — Londres, le 12 octobre.

Nº 139. — « Je soussigné certifie qu'un terrain très pauvre, et qui, depuis beaucoup d'années, n'a pas reçu de fumure, a été planté en partie par des pommes de terre et des navets préparées par M. Bickès ; le résultat fut : » Les pommes de terre préparés étaient d'une vigueur admirable et pas atteintes de maladie, pendant que les autres, non préparées, furent pauvres et presque toutes détruites par le ver.

» Les tiges des pommes de terre préparées montaient à une hauteur de 4 à 6 pieds, et il n'y avait pas une seule plante attaquée par le ver. — Toutes les personnes qui on vu ces plantes les ont admirées et ont déclaré, comme moi, qu'on n'a jamais eu, dans le meilleur terrain engraissé, un résultat semblable. — Les navets furent de beaucoup plus grands et les feuilles presque rondes, la racine fut beaucoup plus sucrée que celle de semence non préparée.

» A l'asile des Orphelins, à Stamfordhill, le colza de mars et les navets préparés par M. Bickès, ensemencés dans un terrain qui n'a jamais été engraissé depuis 6 à 7 ans, les produits en furent d'une force et d'une abondance extraordinaires.

» Ont signé : William, Mac-Béath Robert-Tabéam Asylum, des Orphelins ; Stoke, Newington. »

Nº 140. — Sur un très mauvais sol, pas engraissé au moins depuis 20 ans, 30 acres de froment sur trois points différents.

Extrait d'une lettre de M. Idle, propriétaire.

Northfirth-Kent, 8 octobre.

« La préparation de M. Bickès est d'une très grande valeur pour le froment ; elle produit plus de ramifications, des épis plus longs et plus abondants et plus de paille que dans la culture ordinaire. Dans nos champs, il y avait des épis de 8 à 9 pouces de longeur.

« (Il y en a beaucoup de 12 à 14 étages avec 4 à 5 graines dans une balle.) »

———

Rapport de M. W. P. Gill, représentant pour Cornwal et Devonshire.

N° 141. — « De retour d'une inspection très agréable que j'ai faite pour voir le résultat des semences de céréales préparées par vous :

» M. Trethney, à Grampound, qui est un de nos premiers agriculteurs, a fait une expérience avec de l'orge. — A côté de la semence préparée, pour contre-preuve, il a semé l'orge la plus fine qu'il a pu trouver dans le comté sans préparation ; cependant le produit de la semence préparée fut supérieur en grandeur d'épis et en nombre de grains.

» M. Davis, à Probus, a obtenu une récolte distinguée. Les épis sont longs, beaucoup ont 5 pouces, pleins et lourds ; j'ai compté 32 à 34 même 36 grains dans un épis, ce qui rend un bénéfice de 30 à 50 p. 0/0 contre l'orge fin d'Amérique, qui a été semé à côté.

» On me pardonnera que je mette tant d'importance dans ces deux expériences, quand je vous dirai qu'elles ont été faites avec toute l'exactitude et les soins imaginables, comme on le doit attendre d'hommes actifs et instruits et des plus anciens membres de la célèbre Société d'agriculture de l'Angleterre. (Potbus Farmess Club).

» Peut-être l'expérience la plus intéressante que je dois vous rapporter a été faite à Mylor, près Falmuth.

» J'avais prié M. Carvosso, Erclew, de ne pas favoriser l'expérience, c'est-à-dire de choisir un mauvais terrain et d'éviter tout fumier. M. Carvosso m'a prononcé sa parfaite satisfaction et avec la déclaration que l'avoine et l'orge furent supérieures à tout ce qu'il avait dans sa propriété, bien que l'avoine s'est trouvée sur un terrain qui, de temps immémorial, a servi pour un chemin et depuis 4 ans n'a produit que des étiolées qui n'ont pas rendu de semence et pas de grains. — L'orge s'est trouvé sur un autre terrain de très mauvaise qualité. — M. Carosso a déclaré vouloir employer le système dans toute sa ferme.

» La nouveauté et la sensation qu'ont produites ces expériences ont attiré beaucoup de fermiers, entre autres M. Stéphan Doble et son fils Ed. Doble, de Trefusès, dont le jugement fait autorité. Ils ont reconnu les résultats pour très bons et ont prononcé l'intention d'appliquer le système dans leurs grandes fermes.

» De Penzance je continue à recevoir les meilleures nouvelles sur les turnips de Suède. M. Robert Bilhay, de Treveneth Paul, après avoir vu les turnips, m'a assuré de vouloir appliquer le système en automne pour le froment.

Par suite des résultats obtenus en Cornwall et Devon, j'attends de fortes commandes pour les ensemencements de l'automne. Où il y avait les ensemencements, il fut remarquable que partout les épis furent beaucoup supérieurs à ceux non préparés et le rendement considérablement plus riche.

» Dans plusieurs cas le rendement fut 50, même 80 p. 0/0 plus riche ; par conséquent, il surpasse celui de toute autre méthode de fumure. »

ATTESTATIONS

(Copies traduites)

N 142. — « M. T. Cuthbert, propriétaire, Clayton square, à Liverpool, dit, dans son certificat déposé chez sir Joseph Paxton, Devonshire House, Picadilly, à Londres, que des fleurs cultivées avec la Poudre fertilisante de M. Müller étaient les plus belles qu'il eût jamais vues. »

Nº 143. — « Par la présente, il sera certifié que la Poudre fertilisante de M. Müller, d'Allemagne, appliquée à différentes plantes de mon jardin et de ma ferme, y a produit des résultats très satisfaisants, en relevant la verdeur et la santé des plantes et des semences.

» Un arbrisseau presque flétri, des fleurs languissantes et se fanant, ont regagné leur verdeur et une apparence florissante.

» Des fèves, des choux, des avoines, plantés avec le mélange de la Poudre, ont parfaitement bien réussi.

» Liscard Hall, Cheshire.

» *Signé* : HAROLD LITTLEDALE. »

Nº 144. — « D'après les ordres de S. A. R. feu le prince Consort, M. Müller a fait une série d'expériences dans les jardins royaux de Kew, dont les résultats ont été satisfaisants sous tous les rapports.

» Des résultats pareils ont été obtenus par les expériences de l'inventeur dans le Jardin zoologique de Regents-Park de Londres, où M. Müller avait opéré suivant les désirs de M. Anderson, avec un succès complet.

» Beaucoup d'autres attestations également satisfaisantes de la part des propriétaires et d'autres se trouvent dans la possession de M. Müller. »

Nº 145. — « Je soussigné, ayant fait les essais suivants avec la Poudre fertilisante de M. Jules Müller, déclare que les certificats en soient uniquement la propriété de M. Müller.

» *Signé* : MARCUS HELLER. »

N° 146. — « J'ai employé la Poudre végétante de M. Heller sur différentes plantes en serres et le résultat produit en a été très bon, autant par rapport à la quantité de fleurs qu'à la richesse de couleur.

» *Signé* : JOHN BOOTHROYD,
» **Jardinier et grainetier.** »

» Westgate, Wakefield. »

————

N° 147. — « M. Heller a appliqué sa Poudre végétante à un arbre de sureau qui était sans feuilles et parut être mort pendant l'espace de 4 mois. Cet arbre a été complétement remis.

» *Signé* : JAMES HERTZ. »

» Bellevue-House, Manchester. »

————

N° 148. — « Moi, jardinier de M. Charles Souchay, propriétaire, j'ai essayé la Poudre fertilisante qui m'a été donnée par M. Heller, et j'ai trouvé, non-seulement qu'elle augmente la grandeur de la plante, mais aussi qu'elle enrichit la couleur de la fleur. Je la recommande consciencieusement aux fleuristes.

» *Signé* : JOHN RICHARDSON. »

————

N° 149. — « Le nommé J. Richardson ci-dessus est jardinier chez moi, et je le considère être à même de fournir un jugement exact.

» *Signé* : CHARLES SOUCHAY,
» **Worsley Hall. Manchester.** »

————

A M. Henri Whithoff.

N° 150. — « Monsieur, j'ai fait usage de la Poudre fertilisante de M. Heller, avec laquelle il a fait des expériences, et je l'ai trouvée extrêmement utile aux fleurs auxquelles elle a été appliquée.

» *Signé* : MITCHELL,
» **Jardinier en chef de S. E. M. le comte d'Ellesmere.** »

————

Jardins zoologiques, Bellevue, Manchester.

N° 151. — « Nous avons employé depuis peu de temps la Poudre fertilisante, que l'on peut obtenir chez M. Heller; elle a été appliquée à des Fuschias, des Eriacs, des Pelargoniums et à d'autres plantes de serres, et le résultat en a démontré un état plus sain de la plante et une tendance à la conserver plus longtemps en fleur que par tout autre moyen que nous avons essayé jusqu'à présent. La

Poudre a été employée en arrosant les plantes et aussi d'après les instructions indiquées par le vendeur, et elle réussit également des deux manières.

» *Signé* : John Jenniston, J^{or}. »

On lit dans l'*Almanach du Jardinier* de Glenny, pour l'an 1860, page 105 :

N° 152. — « Nous avons devant nous la Poudre fertilisante de M. Heller, en boîtes d'une pinte chaque, avec les instructions nécessaires et accompagnée de nombreux certificats des personnes expertes qui en ont fait des différentes expériences avec plein succès. Etant un engrais peu dispendieux et extrêmement simple dans son application, il mérite l'attention des fleuristes. »

N° 158. — « J'ai employé la Poudre végétante de M. Heller sur plusieurs plantes de serres, et l'effet produit était très bon, autant par rapport à la quantité de fleurs qu'à la richesse de couleurs. Je l'ai essayée aussi sur des plantes dans un état fané et en apparence mortes. Elles se sont remises et se trouvent dans une condition plus vigoureuse et florissante.

» Liverpool.

» *Signé :* A. Abraham. »

N° 154. — « Par la présente, je certifie qu'une Poudre fertilisante, fournie par M. Heller, a été appliquée par moi à plusieurs variétés de plantes, telles que des Héliotropes, des Verbenas, des Géraniums, des Dahlias, des Petrimas, des Pervenches, la plupart dans un état languissant. Je trouve cette poudre fertilisante très efficace et bienfaisante à la croissance des plantes.

» *Signé :* William Unwin,

» Jardinier en chef, Queen's-Park, Manchester. »

COUR DE POLICE.

District métropolitain pour témoigner.

« Moi Julius Müller, résidant N° 52, Hanover Streed, Wharf road, city road, Islington,

» Déclare solennellement et sincèrement que les témoignages et certificats imprimés sur la seconde page du prospectus annexé ci-contre ont été obtenus par la poudre fertilisante inventée par François-Henri Bickes, résidant N° 10, rue des Messageries, Paris, que j'ai obtenu ces certificats sus-mentionnés étant l'agent de M. Bickes, et que je n'ai aucun droit ou réclamation quelconque à faire sur eux.

» *Signé :* Julius Muller. »

» Déclaré devant moi Robert-Philip Tyrwhitt esquire, un des magistrats des cours de police de la métropole, siégeant et actant à la cour de police de Marlborough Street, en dedans le district métropolitain, le vingt-deuxième jour de juin dans l'année de notre Seigneur mille huit cent soixante-trois.

» *Signé* : R.-F. Tyrwhitt. »

N° 155. — « Je suis parvenu à faire sortir mon jardinier des procédés de la routine.

» Il a semé des pois préparés avec votre poudre à côté d'autres non préparés.

» Les vôtres sont doublées de vigueur, de fraîcheur et de produit. C'est un succès !

» Il ne veut plus rien faire sans votre procédé et l'applique aux fleurs et aux légumes, et avant peu de jours les résultats seront convaincants.

» J'en parle à tout le monde et surtout aux grands cultivateurs, qui seront bien forcés de reconnaître la supériorité et l'immense économie de vos procédés si simples et si faciles.

» Ayez courage, la vérité triomphera, et j'engage tous les hommes qui aiment le progrès à se prêter à vos essais.

» 18 mai 1863.

» *Signé* : E. GOUBAUD,
» Propriétaire à Chigny, près Lagny (Seine-et-Marne). »

N° 156. — « Cette année, il a été fait de nombreux ensemencements et préparations par ordre du ministère de la maison de l'Empereur, à Vincennes, à Châlons, à Saint-Cloud, pour le prince Napoléon, le prince Metternich, le baron Rothschild, MM. Fould, Delessert, Dominique Lebray, chez le général Jacqueminot, etc., etc., dont la vigueur est déjà sensible et dont nous ferons connaître plus tard les résultats finals.

» Je soussigné, représentant de M. Bickès, déclare par le présent :
» 1° Que tous les ensemencements faits en mon nom, tant en France qu'en Angleterre, ont été traités par l'engrais Bickès ;
» 2° Que tous les documents et certificats déclarant la parfaite réussite de ces ensemencements sont la propriété de M. Bickès ;
» 3° Que j'étais autorisé de M. Bickès de vendre lesdits engrais en mon nom, à l'effet de pouvoir combattre à l'avenir certains rapports faits de mauvaise foi contre ce précieux et admirable engrais.

» Paris, le 15 mai 1863.

» *Signé* : MULLER,
» faubourg Poissonnière, 83.

» Certifié la signature de M. Müller,

» *Signé* : E. MICHAULT,
» rue Saint-Lazare, 26.

» Approuvé la signature de M. Müller,

» *Signé* : E. GUILLOT,
» rue des Boulets, 46. »

Nos matières sont trop volumineuses pour que nous voulions mettre toutes celles dans lesquelles on nous a donné les titres les plus précieux ; nous finirons par un article de la *Liberté* de février 1850, signé Paradis :

N° 157. — « Mais à quoi bon chercher si loin une nouvelle Europe et une nouvelle France. Les ressources infinies du génie pourraient nous créer une nouvelle patrie, si nous savions l'encourager dignement, c'est-à-dire si nous savions lui assurer la propriété de ses œuvres, seule récompense digne de lui. Pour montrer que le domaine intellectuel est aussi vaste que le domaine physique est borné, prenons un exemple : — M. Bickès a une méthode d'engrais qui, tant par l'économie de la main-d'œuvre que par l'abondance des produits, double le revenu net de la terre, et qui rend propres à la culture des millions d'hectares qui lui étaient impropres dans l'état actuel de l'art agricole. Dans cette méthode, le fumier, au lieu d'être répandu sur le sol, est employé sous la forme d'une pâte, dans laquelle on praline les semences, de sorte que chaque graine porte avec elle tous les éléments de son développement futur, indépendant de la nature du sol qui la reçoit. Ainsi, les terres sablonneuses, les landes, nos dunes, pourront, à leur tour, devenir fertiles et pourvoir aux besoins d'une population double de celle que nous avons aujourd'hui.

» Si le procédé Bickès tient, comme nous le pensons, toutes ses promesses, n'équivaut-il pas à la découverte d'une nouvelle France, qui existait sous nos yeux sans qu'elle frappât notre vue. L'habile agronome n'a-t-il pas fait une conquête plus utile et plus généreuse que celles de Pizare et Fernand-Cortez ? Quelles couronnes, quelles statues, quel triomphe peuvent payer une acquisition pareille ! Eh bien ! dans notre monde garrotté dans les bandelettes officielles, il est douteux que M. Bickès parvienne à faire adopter ses idées. Il paraît que déjà on a commencé à lui jouer divers tours jésuitiques. — Essais incomplets, sans contrôle de l'auteur ; insinuations malveillantes et mille autres petites roueries seront tour à tour mises en jeu. C'est le passe-temps des académies, et malheureusement la France entière se ploie sous le joug académique.

» Combien de choses se passeraient différemment si le pouvoir factice que nous adorons faisait place à la féconde influence du génie et du talent ! si les droits du propriétaire intellectuel étaient aussi sacrés que ceux du propriétaire foncier ! Seulement, en France, le procédé de M. Bickès lui rendrait une vingtaine de *milliards*, et cette somme énorme, employée par des mains capables, donnerait naissance à de nouvelles entreprises plus gigantesques et plus merveilleuses encore. — Louis-Philippe, qui a disposé, pendant son règne, d'une somme plus forte encore, n'a su que l'enfouir dans l'entretien d'un appareil militaire inutile. L'avenir, doté des inventions les plus brillantes par la gestion des capacités, aura peine à concevoir ces dilapidations que nous voyons, et qui ne cesseront qu'avec le pouvoir lui-même. Alors, les savants et les réalisateurs devanceront tous les désirs et dépasseront toutes les espérances de l'humanité.

» Tel est l'avenir vers lequel devrait graviter tous les efforts ; mais telle est l'injustice de l'homme, que la jalousie et l'envie réunissent tous leurs venins pour en assassiner l'inventeur qui réussit. — L'importance de la propriété intellectuelle n'est comprise par personne. Quelques hommes qui se croient avancés proposent que les inventions soient estimées et achetées par l'Etat pour être jetées dans le domaine public. Et qui donc, s'il vout plaît, dans les bureaux, aura un mètre assez grand pour mesurer les œuvres des Wolft, des Papin, des Freuythich, des Séguin, des Legris, des Jobard, des Bickès, etc. ? Où sont les mains assez osées pour toiser de pareils géants ? Et puis, quand vous aurez payé et arraché l'œuvre à peine achevée au cerveau paternel, quel lait donnerez vous à ce nourrisson dont la constitution vous est aussi inconnue que l'avenir ? Que faites-vous de vos enfants trouvés ? Ils succombent par milliers, vos hôpitaux sont des nécropoles. Il en sera de même avec vos conservatoires. — L'invention, privée des soins d'un père, que vous aurez exproprié, languira et s'éteindra. Vous ne remplacerez pas plus la vigilance du génie que vous ne savez remplacer l'amour maternel, etc., etc. »

PRIX DES POUDRES FERTILISANTES

ET QUANTITÉS A EMPLOYER PAR HECTARE.

---

5 litres de poudre pour un hectolitre de semence par hectare.

1. Froment, seigle, orge, avoine, sarrasin, sainfoin.
2. Haricots, pois, fèves.
3. Chanvre.
4. Lin.

---

5 litres de poudre pour 50 litres de semence par hectare.

5. Prairies, herbes, ray-gras.
6. Maïs.

---

3 litres de poudre pour 20 litres de semence par hectare.

7. Trèfle, luzerne.

---

2 litres de poudre pour 20 litres de semence par hectare.

8. Carottes.

---

1 litre de poudre pour 6 à 8 litres de semence par hectare.

9. Betteraves.

---

1 litre de poudre pour 3 à 4 litres de semence par hectare.

10. Colza.
11. Pavots.
12. Navet.

---

5 litres de poudre pour 100 litres de semence par hectare.

13. Garance.

L'hect. 30 fr.

2 litres de poudre pour 100 litres de tubercule par hectare.

14. Pommes de terre.

---

1 litre de poudre pour 80 à 100 pieds.

15. Vignes.

5 fr.

1/2 litre à 1 litre de poudre.

16. Arbres résineux.
17. — fruitiers et d'agrément.

Par paq. 3 à 6 fr.

---

5 litres de poudre pour tremper 3,000 ou pour en arroser 1,000.

22. Tabac.
23. Cotonnier.
24. Canne à sucre.
25. Houblon.

30 fr.

Jardinage.

18. Herbacées, choux, artichaux, melons, fleurs.
19. Oignon, ail, poireau.
20. Carottes.
21. Pois, haricots, fèves.

par paquet de 3 à 6 f.

Emballage en sus. — Valeur comptant.

INSTRUCTIONS GÉNÉRALES

Sol. — Les paquets marqués A sont pour les terres froides, fortes, argileuses, marneuses, etc.; S, pour les terres chaudes, légères, telles que sable, gravier, calcaire, etc. — Cette distinction est à observer pour les céréales.

Saison. — Il est important de faire les ensemencements de bonne heure, avant l'époque ordinaire, si c'est possible : le tallage a plus le temps de se développer. Au printemps, quand on a été retardé, on fera bien d'augmenter de 1/4 ou 1/2 la quantité de semence indiquée pour les plantes qui tallent. La préparation, activant la levée des semences, est, avec l'avancement des semailles, un puissant préservatif contre beaucoup de vices. Pour les *Arbres* et les *Vignes*, c'est en automne ou au commencement de l'hiver qu'il convient d'appliquer la préparation. Elle fait cependant du bien dans toute saison.

Préparation. — Aux nᵒˢ 1 à 12, la quantité de semence indiquée suffit pour un hectare. — Pour les céréales, il y a des paquets de 8, 16 et 30 fr. *Tout paquet doit être vendu intact, revêtu de notre signature et de notre cachet.*

Le poids d'un paquet pour 1 hectare est de 4 kilos.

Pour l'expédition, on indiquera si on le désire par le chemin de fer, roulage ordinaire ou accéléré, ou par les messageries. — *Ecrire les noms bien lisiblement.*

Une instruction détaillée est collée sur chaque paquet.

Pour prévenir la fraude, tout représentant reconnu par nous doit produire notre autorisation délivrée de cette année 186..

Paris.— Imprimerie Kugelmann, 13, rue de la Grange-Batelière.

PARIS. — TYP. KUGELMANN, RUE DE LA GRANGE-BATELIÈRE, 13.

www.ingramcontent.com/pod-product-compliance
Ingram Content Group UK Ltd.
Pitfield, Milton Keynes, MK11 3LW, UK
UKHW020338180726
13839UKWH00002B/772